建筑工程管理与工程造价研究

胡凌云　著

吉林科学技术出版社

图书在版编目（CIP）数据

建筑工程管理与工程造价研究 / 胡凌云著. -- 长春：吉林科学技术出版社，2022.4

ISBN 978-7-5578-9191-6

Ⅰ. ①建… Ⅱ. ①胡… Ⅲ. ①建筑工程－工程管理②建筑造价管理 Ⅳ. ① TU71 ② TU723

中国版本图书馆 CIP 数据核字（2022）第 091602 号

建筑工程管理与工程造价研究

著　　胡凌云
出 版 人　宛　霞
责任编辑　王明玲
封面设计　李　宝
制　　版　宝莲洪图
幅面尺寸　185mm×260mm
开　　本　16
字　　数　280 千字
印　　张　12.5
印　　数　1-1500 册
版　　次　2022年4月第1版
印　　次　2022年4月第1次印刷

出　　版　吉林科学技术出版社
发　　行　吉林科学技术出版社
地　　址　长春市南关区福祉大路5788号出版大厦A座
邮　　编　130118
发行部电话/传真　0431-81629529　81629530　81629531
　　　　81629532　81629533　81629534
储运部电话　0431-86059116
编辑部电话　0431-81629510
印　　刷　廊坊市印艺阁数字科技有限公司

书　　号　ISBN 978-7-5578-9191-6
定　　价　58.00元

前　言

随着社会对基础建筑工程的重视和要求逐步提高，各大建筑企业、施工单位也紧随市场形势而不断发展。一方面，施工企业一味着眼于赶工程进度，追求经济层面的发展，完全忽视了建筑工程的过程管理和质量把控。另一方面，建筑类工程项目巨大，施工单位没有进行合理的造价预算，导致施工所需成本增加，最后导致企业低利润或无利润，限制了企业的发展。基于目前的形势，应严抓工程管理，做好造价控制，实现建筑工程的最大效益化。

目前建筑行业发展前景可观，许多施工单位纷纷投入建筑工程建设，市场占有率已趋于饱和。建筑工程的数量日渐上涨，给各企业带来可观收益的同时，工程质量的问题也在不断增长。项目单位缺乏对工程过程的监管，施工企业也没有专业的人员和技术对工程进行有效管理。另外，合理的控制工程造价也是保证项目质量的重要内容，涉及设计规划、物料采购、现场施工、项目验收等诸多环节，也需要专业人员进行有效把控。

本书主要论述了建筑工程项目管理的重要性，探析了建筑工程造价控制与管理存在的问题，并提出了相应的管理控制措施。目前，建筑行业保持着逐年稳定的增长，散发出巨大的活力，所以在国民增长的贡献中也有着巨大的价值，因此在我国经济增长迅速的今天，将实际化的新常态阶段和各种各样的产业结构进行相对应的调整，实现有效的升级，进行建筑行业的预算法控制，提高建筑行业的使用水平和管理进程，是十分必要而迫切的。不同建筑结构下的建筑工程资料管理随着质量的提升，在进行工程造价的相对应整合上，要通过保障施工单位的实际收益和实际管理制度实现更加重要作用的发挥，同时在进行各种内容和工程管理的把控时要进行相应施工单位和业主单位的费用造价和实际施工素质提升，通过加强对各种资金利用效果的使用，保证招标过程中的各种造价控制和造价元素有效落实。

目录

第一章　建筑工程项目管理概论

第一节　建筑工程项目管理现状

近年来，城乡建设发展速度不断提高，城乡居民生活水平与生活质量也得到了质的飞跃。作为人们赖以生存的主要场所，建筑行业迎来了发展机遇和挑战，机遇在于人们对建筑的需求不断增多，挑战在于人们对建筑质量的要求不断提高。建筑企业如何在此背景下得以快速发展，需加强建筑工程管理，保证工程施工安全，以此提高市场竞争力，最终建造出满足广大群众需求的建筑工程。

一、当前我国建筑工程管理中存在的问题

（一）施工管理工作落后

建筑行业属于劳动密集型产业，需要的劳动人员也较多，往往其自身的专业技能及应变能力会直接影响工程项目的施工，建筑工程施工人员与监理人员管理的不规范也是潜在隐患，会导致施工单位和工程监理单位在分工方面存在不合理之处，更使得工作人员职责混乱且权责划分不清晰，甚至使施工单位投标文件承诺不能落实到实际操作中。另外，设备数量及机械化程度也会对工程项目的建设质量与效率带来直接影响，现场的机械化程度不高、机械老化、运行不佳，没有创新技术作为支撑，容易导致生产效率低下，许多施工企业为了追求最大利润而偷工减料、管理人员缺乏创新精神也导致施工过程的管理处于较低水平。

（二）安全责任意识相对薄弱

一方面，许多建筑工程的施工方或是承包方对于管理人员的安排和分工根本不重视，没有综合考虑管理工作人员岗前培训的积极作用，直观表现为其管理人员素质偏低，难与相关规定要求相吻合，自身的管理职责也难以履行，随之而来的是建筑工程危险系数升高。另一方面，当今的建筑施工企业并没有制定科学合理的人员管理制度，导致人员

管理机制不成熟、各部门间的配合不协调等情况出现，而且制定工期方面不够重视工程的总体规划，在遇到工程项目是新结构形式时，也只凭主观臆断来制定措施，导致措施不合理。

（三）法规条例落后，管理机制有待完善

首先，建筑工程项目没有与相关法律法规和条例要求相吻合，实际执行的管理方法、管理模式与管理思想很难实现与时俱进，专业性和科学性严重缺失，对工程管理的约束性较差，没能形成良好的管理机制；其次，当前的建筑企业采购方式是大批量的集中采购，建设单位和供应商没有建立起长期稳定的合作关系，采购方式也比较僵硬，缺乏灵活性，对少量材料的频繁采购也会增加工程采购成本；最后，企业内部未足够重视工程控制，经常在结束任务后才检查，没有统计分析及量化计算，更未充分重视事前和事中控制。

二、结合现状对于我国的建筑工程管理展开优化

（一）重视建筑工程的综合性目标

在工程的建设过程中，对于工程的综合性目标需要给予关注，在综合性目标的指引下，建筑工程的管理将会突破局限性，形成立体的发展模式。具体来说，在建筑的过程中，建筑管理人员需要秉持明确的建设目标，对工程的功能以及建成之后的效果进行关注。在建筑工程的建设过程中，经济利益的实现仅仅是一个较为初期的过程，在建筑的使用过程中建筑的整体利益才能够得到最大化的体现。在综合目标的制订上，需要根据工程的不同阶段对目标的内容进行调整，结合工程建筑的不同方面，完善建筑的整体。其中，对于工程建设的周期，需要按照平均的标准结合具体的建设条件进行关注，避免出现仅为追求经济的效益，进行提前施工、赶工的状况。这会使得工程的建设质量难以得到保障，使得工程在使用的阶段中，需要投入更多的成本对于工程进行后期的完善。在材料的控制以及技术的选择上，需要根据工程的经济能力进行最优化的选择，将工程质量的提升作为管理的重点。建筑工程管理的压力比较大，涉及的内容和要素相对而言也比较多，对于人员数量的要求同样也比较大，如此也就需要在了解这一需求的基础上，有效安排较为充足的管理人员。

（二）提升管理的规范程度

工程管理的规范需要从管理的条例制定以及具体的管理行为两个方面进行关注。在工程的建设中，管理的条例制定需要根据国家的相关标准，结合行业中的共同准则进行

制定，为了确保工程建设的各个方面的协调发展，需要从国家管理准则的研究、行业共同标准的学习以及工程建设中特殊的情况与内容进行关注。在管理的框架制定上，需要根据以上的三种因素进行思考，将其中的各个方面因素进行综合以及协调。在管理工作的实施过程中，需要关注工作的力度，对于各个方面的工作也需要给予不同关注点。例如，在材料以及采购的管理上，需要经常进行市场信息的交换，对材料的应用以及应用中存在的问题等多方面进行关注，及时的从管理的层面对于材料的应用展开关注。此外，在人员的约束过程中，需要关注管理人员自身行为的规范性，根据管理的原则以及管理工作中的具体情况，及时的对于心态、行为等进行积极的调整。

（三）积极地进行管理以及宣传的工作

在管理宣传的过程中，管理人员需要结合施工人员以及其他各方面人员的具体情况进行宣传。施工人员的文化素养较为有限，因此在施工开始之前，工程的管理人员就需要对施工人员的安全意识、敬业意识等各方面涉及管理的因素进行关注。在管理的具体过程中，管理人员与施工人员之间需要进行密切相互沟通，可以采取阶段式开展管理宣传课程的方式，对人员的意识提升进行关注。值得管理人员注意的是，管理宣传的课程并非是仅仅应用于宣传管理理念以及管理的规则。在宣传的课程中，还需要关注各个方面人员的协调等，应用管理的课程使得各个方面的人员之间能够达成沟通与交流。因此宣传课程，也有一定交流平台的作用，管理人员可以在其中进行意见的收集，应用不同的意见对工作进行调整。

（四）提升管理人员的素质

管理人员素质的提升需要采取两种具体的方式：其一，在管理的过程中对目前管理人员的综合素质进行提升，针对具有不同能力的人员，需要采取不同的措施，通过针对性的训练、知识的培养等提升其能力。其二，在整体上促进人员结构的调整，目前的高校中工程建筑管理的相关专业每年有大量的毕业人员，工程单位需要结合人员的个人素质以及综合的知识能力，进行择优录用。由于这部分出身于科班的管理人员具有完整的知识结构及知识系统，在人员的应用中需要进行多个方面的应用，管理的具体细节工作、管理的相关宣传工作，都需要这部分人员参与，在此过程中，根据人员的工作成果以及工作的能力进行及时的提拔。在建筑工程管理工作落实中，为了更好提升管理价值，从管理人员入手进行完善优化同样也是比较重要的一环，其需要综合提升管理人员的素质和能力，确保其具备较强的胜任能力，有效提升建筑工程施工管理水平，减少自身失误。在建筑工程管理人员培训工作中，需要首先加强对于职业道德的教育，确保其明确自身管理工作的必要性和重要价值，如此也就能够更好实现对于建筑工程管理工作的高效认真落实，避免履行不彻底现象。从建筑工程管理技能层面进行培训指导也是比较重要的一点，其需要确保相应施工管理人员能够熟练掌握最新管理技能，创新管理理念，在降低自身管理压力的同时，将建筑工程管理任务落实到位。

综上，建筑工程管理是建筑施工企业健康发展的基础，只有切实做好建筑工程管理工作，才能保证建筑工程效益的可持续增长。然而目前建筑工程管理现状不容乐观，因此需要引起相关人员高度重视，并从法律体系的完善、进度管理等几个方面入手，做好建筑工程管理工作，促进建筑企业的进一步发展。

第二节　影响建筑工程项目管理的因素

对于建筑项目而言，建筑工程项目管理在整个建筑项目中起着举足轻重的作用。建设工程项目管理应坚持安全质量第一的原则，以合同管理作为规范化管理的手段，以成本管理作为管理的起点，以经济以及社会利益作为管理的最终目标，进而全方位地提高建筑项目的施工水平。

建筑工程项目管理是建筑企业进行全方位管理的重中之重。完善建筑工程项目管理工作，能够保障建筑工程项目更加顺利地进行，使企业的经济效益得到最大的保障，实现企业效益的增长。

一、工程项目管理的特点

（一）权力与责任分工明确

在进行建筑工程项目管理时，管理任务主要分为权力与责任两部分。将建筑工程项目整体中各个阶段的责任与义务，通过规范化合同来进行分配明确项目各个阶段的责任与义务。而且需要在具体的工程项目施工过程中对其进行严格的监督与管理。为了更好地达到项目管理的目标，在进行相关的建筑工程项目管理工作时，还需要明确相关管理工作人员的权力与责任，使其对于自己的权力与责任分配有一个清晰的了解，以便更好地进行项目管理工作。

（二）信息的全面性

建筑工程项目管理涉及建筑工程的全过程，所以在进行项目管理时涉及的管理内容复杂而且繁多。因此，必须从全方位的角度去了解整个施工过程，避免信息的遗失和缺漏。

（三）明确质量以及功能标准

在进行建筑工程项目管理时，需要对建筑工程的质量以及功能标准进行明确的规定，使得建筑工程项目在规定的标准以及范围内及时地完成。

二、工程项目管理的影响因素

（一）工程造价因素

建筑工程的造价管理是建筑工程项目管理中的重要环节。建筑工程的成本管理与控制对整个建筑工程的直接收益具有重要影响。现如今，有些施工企业对施工过程中所需要采购的原材料以及其他的资源都没有进行合理的造价控制，使得整个建筑工程的成本投入以及成本的利用效率大大降低，而且会出现资金的利用超出成本范围的情况。这些情况对于建筑工程企业的整体经济效益的影响是非常巨大的，且目前市场上某些造价管理人员综合技术水平不高，不能有效地控制整个项目的综合成本。

（二）工程进度控制因素

为保证建筑工程项目及时完工，建筑工程进度控制非常重要。但并不是所有的建筑施工企业对工程进度的控制都非常重视，在某些企业当中对于工程进度的控制缺乏科学的管理，使得整个工程项目的正常进度都受到影响，不能够按时完工。建筑工程施工的过程中，需要建筑企业的多个部门进行协同合作，如果各部门之间不能合理及科学地交流以及合作，那么就会对整个施工过程的有序性产生一定的影响。另外，一定要加强对施工过程的监管力度，否则项目可能不能按时完成。

（三）工程质量因素

建设施工过程中，某些施工企业为了能节省施工成本，满足自身的利益，未对过程中所需要用到的工程材料进行严格的审核，采用一些质量不达标的材料。这些不合格的建筑工程材料对于建筑工程的质量会产生危害，使得许多建筑工程项目出现返工。除此之外，若对项目中出现的纰漏以及谋取私利的现象监管不力，工程质量管理工作就得不到应有的效果。

（四）工程安全管理因素

建设工程中，安全管理有时没有得到足够的重视。许多建筑施工企业的安全管理理念不够充足，工程施工人员的安全意识不足，因而导致项目中出现很多的安全隐患，对建筑工程施工项目管理产生了重要影响。

三、提高工程项目管理水平的措施

（一）加强工程成本控制

为确保成本管理工作能够正常以及高效的进行，项目管理方需制定严格的规章制度，然后结合具体的施工情况以及企业的情况来对规章制度进行有效的监督及管理。通过对施工费用与预算的对比过程来逐渐地提高对施工成本的利用效率，将建筑施工场地打造成节约环保以及高效的施工场地，增加建筑企业的经济效益。同时挑选经验丰富的造价管理人员对项目进行造价管理，做好造价管理人员和施工人员的对接工作，实现项目的成本可控。

（二）加强工程进度管理

在具体项目中，项目经理需要根据项目的进展情况进行详细的计划，制订项目进度计划表，压缩可以压缩的工期，并考虑合理的预留时间。这样如果面临突发问题，可以降低项目不能按时完成的风险。同时保证施工工作人员的自身素质以及工作水平，使之适应社会的发展。同时，在项目进行过程中，业主需要根据合同约定按时支付进度款，以保证施工工作人员的积极性，使项目按时按量地完成。

（三）加强工程质量以及安全管理

建筑工程质量是建筑工程项目的重要考察目标之一，保证建筑工程的建筑质量，对建筑企业的品牌效应以及企业未来的发展具有重要的作用。所以我们要在建筑施工过程当中通过对建筑工程施工过程的管理以及建筑施工材料等的管理与控制来达到对建筑工程质量的控制。除此之外，可以通过开展每周一次的安全督查讲座，促进建筑施工过程中的安全管理，使建筑施工能够达到无风险施工。加强建筑工程的质量以及建筑工程安全管理对于建筑工程项目的管理都具有重要作用，而且能够增强建筑工程项目管理的效率以及提高建筑企业的口碑。

（四）实行项目管理责任制度

在进行建筑工程项目管理时，因为建筑工程项目所涉及的细小的项目工程非常多，所以在进行管理工作时，一定要落实项目管理责任制和项目成本监管的落实力度，确保其能够在项目管理的过程中起到实际的作用。

对于复杂且时间紧迫的工程项目，可采用强矩阵式的项目管理组织结构，由项目经理一人负责项目的管理工作，企业各职能部门做后台技术支撑，充分高效地利用人力资源。根据不同的项目特征，采取不同的项目管理组织结构。

（五）加强管理人员监督机制

需加强项目管理工作人员的监管力度，并建立完善的奖惩机制，使项目各部门工作人员能够按照项目管理的规章制度完成各项工作。

（六）加强工程项目的信息管理

通过一些信息管理软件（如 P3、BIM）对整个项目流程进行可视化管理。

建立信息共享平台，可以通过信息共享平台进行招投标管理、合同管理、成本控制、设计管理等等。根据项目的规模，可选择是否选用 BIM 对整个项目进行建模，常规的二维设计图纸更多地可以清晰反映项目的平面建设情况，但若对整个建设项目进行 BIM 建模，通过碰撞检查对项目进行纵向沟通，确保设计和安装的精准性，减少不必要的返工。

综上所述，项目管理人员可以从质量、进度、成本、安全、信息各方面把控整个建筑工程的项目进程。建筑企业可以制作一套详细的可操作性强的指导手册，以便查阅和自检。

随着建筑市场的不断发展，建筑企业之间的竞争压力越来越大，所以为了能够在激烈的建筑市场当中取得一席之地，建筑企业需要对自身的各项工作进行仔细的分析及探索。增强建筑项目的项目管理对于建筑企业来说是一项非常重要的工作，能够使其在激烈的竞争环境当中保持自身的竞争优势，使企业能够快速稳步发展。

第三节　建筑工程项目管理质量控制

质量控制一直是建筑工程项目管理中的一个重要内容，同时也是保障整个工程施工质量的关键环节之一。为了使质量控制工作能够更好地发挥效用，笔者从发现问题与找出对策为目标，从以下几个部分着手进行了建筑工程项目管理质量控制分析。

当前，在我国建筑工程项目管理质量控制有关部门和相关企业的共同努力下，已经形成了集“事前准备”“事中管控”“事后检查”于一体的建筑工程项目管理质量控制的理论体系，为建筑工程项目管理质量控制工作的展开提供了可靠的参照标准。那么，这一体系具体都包括哪些内容呢？笔者将首先对此进行简要的概括说明。

一、建筑工程项目管理质量控制的工作体系

通过查阅相关资料并结合实际情况可知，建筑工程项目管理质量控制的理论体系主要包含三个方面的内容。第一，事前准备，即建筑工程项目施工准备阶段的质量管控。该部分主要由技术准备（如工程项目的设计理念与图纸准备、专业的施工技术准备等）和物质准备（如原材料及其他配件质量把关等）两个层面的质量控制要素。这种事前的、专业的质量控制，能够很好地保证建筑工程项目施工所需技术及物质的及时到位，为后续现场施工作业的顺利进行奠定基础。第二，事中控制，即施工作业阶段的质量控制。施工阶段，需要技术工人先进行技术交底，然后根据工程施工质量的要求对施工作业对象进行实时的测量、计量，以从数据上对工程质量进行控制。此外，还需要相关人员对施工的工序进行科学严格的监督与控制。通过建筑工程项目施工期间各项工作的落实，不仅有利于更好的保障工程项目的质量，同时也有利于施工进度的正常推进。第三，事后检查，即采用实测法、目测法和实验法，对已完工工程项目进行质量检查，并对工程项目的相关技术文件、工程报告、现场质检记录表进行严格的查阅与核实，一切确认无误后，该项目才能够成功验收。通过上述内容不难发现，建筑工程项目管理质量控制贯穿于整个工程项目管理的始终，质量控制的内容多而细致，且环环相扣，缺一不可。

二、建筑工程项目管理质量控制的常见问题

（一）市场大环境问题

当前，建筑工程行业基层施工作业人员能力素养水平参差不齐是影响建筑工程项目管理质量控制出现问题的一个重要原因。基层施工作业群体数目庞大且分散，因此，本身就存在管理难的问题。加之缺少与专业质量控制人员面对面、一对一的有效沟通机会，且培训成本大，施工企业不愿担负培训费用，因此，无法很好地通过组织学习来帮助其提升自我。这种市场大环境中存在的现实问题，是质量控制人员根本无法凭借一己之力来改变的。概括来说，建筑工程项目管理质量控制。

（二）单位协同性问题

质量控制工作有时是需要几个不同的部门通过分工协作来完成的。在建筑工程行业，许多项目都是外包制的，而外包单位的部分具体施工作业环节，质量控制人员无法很好的参与进去，因此质量控制工作存在着一定难度。且一旦其他协作部门中间工作未能良好衔接或某个部门履职不到位便会出现工程质量问题。

（三）责任人意识不强

随着我国教育条件的不断完善，国民的受教育水平也不断提高，这为建筑工程项目管理质量控制领域提供了许多专业的高素质人才。所以从总体上来看，大多数质量控制人员无论在专业能力上，还是在责任意识强都是比较强的。尽管如此，个别人员责任意识弱、不能严守岗位职责的不良现象仍然存在，致使建筑工程项目存在质量隐患。

三、建筑工程项目管理质量控制的策略分析

（一）借助市场环境优势，鼓励施工人员提升自我

市场大环境给建筑工程项目管理质量控制带来的不利影响在短时间内是无法完全规避的，因此，我们要借助市场本身的优势，尽可能的扬长避短。优胜劣汰是市场运行的自然法则，要想拿到高水平的薪资，就必须要有相应水平的实力，且市场中竞争者众多，若止步不前，终将被市场所淘汰。基于此，建筑工程项目管理质量控制部门可以适度提高对施工队伍及个人专业素养的要求，设置相应的门槛，但也要匹配以相应的薪资，从而鼓励施工人员为适应工程要求而进行自主的学习与技能提升。这样，既可以解决施工人员培训问题，也可以为建筑工程项目质量控制提供便利。

（二）明确划分责任范围，推进质量控制责任落实

在多部门共同负责建筑工程项目管理质量控制工作的情况下，可以尝试从以下几点着手。首先，各部门至少要派一人参与关于建筑工程项目质量标准的研讨会议，明确项目质量控制的总体目标及其他要求。其次，要对各部门的质量控制职责范围进行明确的划分，并形成书面文件，为相关质量控制工作的展开与后续可能出现的责任问题的解决提供统一的参照依据。最后，可以根据建筑工程项目管理质量控制体系，将每个环节的质量控制责任落实到具体负责人，通过明确划分责任范围来推进质量控制责任的落实。

（三）优化奖励惩处机制，加强质量控制人员管理

建筑工程项目管理质量控制是一项复杂、艰辛的工作，因此，对于质量控制中付出多、贡献多的人员要给予相应的奖励与支持，以表达对质量控制人员工作的认可，使其能够更好地坚守职责，鼓励其将质量控制的成功经验传授下去，为质量控制效果的进一步提升做好铺垫。对于质量控制中个别工作态度较差、责任意识薄弱的人员，要及时指出其不足，并给予纠正和相应的惩处，以纠正建筑工程项目管理质量控制的工作风气，为工程质量创造良好的环境。

现阶段，虽然我国已经形成了比较完整的建筑工程项目管理质量控制体系，但由于

受到建筑工程管理项目要素内容多样、作业工序复杂、涉及人员广泛等现实条件的影响，该体系的落实往往存在一定的难度，使得建筑工程项目管理质量控制存在着许多的问题，这给整个建筑工程项目顺利高效的进行造成了阻碍。基于此，笔者从市场环境、部门协调、人员奖惩三个方面提出了关于清除上述阻碍的建议。希望通过更多同业质量控制人员的不断交流与探究，可以让建筑工程项目管理质量控制更加高效，可以让工程项目质量得到保证。

第四节　建筑工程项目管理的创新机制

建筑施工企业从建筑工程项目的开始筹备到实地施工需要根据自身的企业发展战略和企业内外条件制定相应的工程项目施工组织规范，需要进行项目工程的动态化管理，并且要根据现行的企业生产标准进行项目管理机制的优化、创新，从而实现工程项目的合同目标的完成、企业工程效益的提升与社会效益的最大化体现。本节将简要分析建筑工程项目管理创新机制，阐述项目管理的创新原则和方案，以供建筑业同人参考交流。

建筑工程施工现场是施工企业的进行生产作业的主战场，对项目管理进行优化、创新不仅可以保证建筑工程项目如期或加快完成，还可以提高施工企业管理人员的管理水平，提高施工企业经济效益，更加可以提升施工企业的企业形象。传统的工程项目管理机制已经不能满足业主方的施工要求，管理人员冗余、施工机械设备资源配置过剩或不足、生产工人素质和专业水平较低现象十分明显。针对这种情况，作为施工企业的相关管理人员我们必须对工程项目管理提出更加严苛的要求，加快项目管理的优化创新工作，从而对施工管理体制进行深化改革。

一、更新管理观念，转换管控制度

传统的建筑工程项目管理制度一般是“各做各的活，各负各的责”，施工企业工程项目部分为预算科、管理科、技术科、资料科、实验科，几大科室对于项目管理各尽所能，只负责自己的本职工作，不操心项目管理的整体布局，这样管理的结果会造成管控人员的资源浪费、管理效果极低、管理场面十分混乱。针对这种情况，我们应该及时更新管理观念，转换项目管控制度，设立建筑工程市场合同部、工程技术部、施工管理部。让三个部门整体管辖整个施工过程，分工明确也要工作配合，从而达到项目管理的现场施工进步、技术、质量、安全、资源配置、成本控制的全面协调可控发展。改变以往的“管干不管算、管算不管干”的项目管理旧局面，提高施工企业的经济效益和施工水平。

二、实行项目管理责任个人承担

整体的建筑工程分项、单项工程较多，在项目管理方面施工管理难度较大。施工企业项目管理人员通常存在几个人管理一个项目、一个人管理几个工程单项项目的现象，等到工程出现质量问题或者施工操作问题时，责任划分不明确，没有人主动站出来承担这个项目的问题责任。造成这种现象的原因是管理制度的缺失，所以，积极推行项目管理责任个人承担制度，对项目管理实施明确的责任划分，逐渐完善工程项目施工企业内部市场机制、用人机制、责任机制、督导机制、服务机制，通过项目经理的全面把控，保障工程项目管理工作的有效开展。

三、建立健全“竞、激、约、监”四大管理机制

工程项目管理部门在外部人员看来是一个整体，在内部我们也需要制定一套完善的竞争、激励、约束和监督制度，进行内部人员的有效管理，打造一支一流的项目工程管理队伍。想要完成管理队伍建设的目标我们可以从以下几个方面着手：首先，要建立内部竞争机制，实行竞争上岗，通过“公平、公正、公开”的竞争原则不断引入优秀的管理人才，完善和提高管理水平；其次，要建立人员约束制度，“没有规矩不成方圆”，有了约束制度才能让内部人员实现高效率工作，并且与此同时还要明确项目工程管理的奖惩制度，促使相关人员严格按照技术标准和规范规程开展项目管理工作；最后，需要建立监督机制，约束只是制度方面，监督才是体现管理水平的真正方式，强有力的监督机制对于人员工作效率和机械使用效率有着质的提高，并且监督工作的开展可以确保人员施工符合施工要求，确保工程项目的安全、顺利、如期完成。

四、加强工程项目成本和质量管理力度

建筑工程项目管理的核心工作是工程成本管理，这是施工企业经济效益的保障所在。所以，作为施工企业我们在进行项目管理工作的优化创新时，需要建立健全成本管理的责任体系和运行机制，通过对施工合同的拆分和调整进行项目成本管理的综合把控，从而确定内部核算单价，制订项目成本管理指导计划，对项目成本进行动态把控，对作业层运行成本进行管理指导和监督。并且，项目经理和项目总工以及预算人员需要编制施工成本预算计划，确定项目目标成本并如是执行，还需要监督成本执行情况，进行项目成本的总体把控。

项目质量管理方面，作为施工企业我们应该加强对施工人员的工程质量重要性教育，强化全员质量意识。建立健全质量管理奖罚制度，从意识和实操两方面保证项目工程施工质量管理工作的切实开展。为了确保项目质量的如实检测，我们需要提高项目部质检员的责任意识和荣誉意识，建立健全施工档案机制，落实国家要求的质量终身责任制。

五、提高建筑工程项目安全、环保、文明施工意识

作为施工企业，我们应该始终把“安全第一”作为项目管理的基础方针，坚实完成“零事故”项目建设目标，提高管理人员和施工人员的安全施工意识，并且要响应国家绿色施工、环保施工的要求，积极落实工程项目文明施工的施工制度，打造出一个安全、环保、文明的建筑工程施工现场。

总地来说，积极推行建筑工程项目管理的创新机制，在确保施工企业经济效益不断提升的同时，贯彻落实国家对建筑工程施工企业的发展要求，积极打造文明工地、环保工地、安全工地，为建筑方提供高质量、无污染的绿色建筑工程。

第五节　建筑工程项目管理目标控制

建筑工程项目管理计划方案，对项目管理目标控制理论的科学合理应用至关重要。当前，我国建筑工程项目管理方面存在相应的不足与问题，对建筑整体质量产生不利影响，同时对建设与施工企业的经济效益产生影响。因此，本节通过对建筑工程项目管理目标控制做出分析研究，旨在推动项目管理应用整体水平稳定良好发展。

随着国家综合实力以及人们生活质量的快速提升，社会发展对建筑行业领域有了更为严格的标准，特别是关于建筑工程项目管理目标控制方面。现阶段，我国建筑企业关于项目管理体制以及具体运转阶段依然存在相应的不足和问题，对建筑整体质量以及企业社会与经济效益产生相应的负面影响。若想使存在的不足和问题得到有效解决，企业务必重视对目标控制理论的科学合理运用，对项目具体实施动态做出实时客观反映，切实提高工作效率。

一、建筑工程项目管理内涵

针对建筑工程项目管理，其同企业项目管理存在十分显著的区别和差异。第一，建筑工程项目大部分均不完备，合同链层次相对较为烦琐复杂，同时项目管理大部分均为

委托代理。第二，同企业管理进行对比，建筑工程项目管理相对更加烦琐复杂，因为建筑工程存在相应的施工难度，参与管理部门类型不但较多且十分繁杂，实施管理阶段有着相应的不稳定性，大部分机构位于项目仅为一次性参与，致使工程项目管理难度得到相应的增加。第三，因为建筑项目存在复杂性以及前瞻性的特点，致使项目管理具备相应的创造性，管理阶段需结合不同部门与学科的技术，使项目管理更加具有挑战性。

二、项目管理目标控制内容分析

（一）进度控制

工程项目开展之前，应提前制订科学系统的工作计划，对进度做出有效控制。进度规划需要体现出经济、科学、高效，通过施工阶段对方案做出严格的实时监测，以此实现科学系统规划。进度控制并非一成不变，因为施工计划实施阶段，会受到各类不稳定因素产生的影响，以至于出现搁置的情况。所以，管理部门应对各个施工部门之间做出有效协调，工程项目务必基于具体情况做出科学合理调整，方可确保工程进度如期完成。

（二）成本规划

项目施工建设之前，规划部门需要对项目综合预期成本予以科学分析与控制，涵盖进度、工期与材料与设备等施工准备工作。不过具体施工建设阶段，因为现场区域存在材料使用与安全问题等不可控因素产生的影响，致使项目周期相应的增加，具体运作所需成本势必同预期存在相应的偏差。除此之外，关于成本控制工作方面，在施工阶段同样会产生相应的变化，因此需重视对成本工作的科学系统控制。首先，应该对项目可行性做出科学深入分析研究；其次，应该对做出基础设计以及构想；最后，应该对产品施工图纸进行准确计算与科学设计。

（三）安全性、质量提升

工程项目施工存在的安全问题，对工程项目的顺利开展有着十分关键的影响与作用。因为项目建设周期相对较长、施工难度相对较大、技术相对较为复杂等众多因素产生的影响，导致建筑工程存在的风险性随之增加。基于此，工程项目施工建设阶段，务必重视确保良好的安全性，项目负责单位务必重视对施工人员采取必要的安全教育培训，定期组织全体人员开展相应的安全注意事项以及模拟演练，还需重视对脚手架施工与混凝土施工等方面的重点安全检查，在确保人员人身安全的同时，提高施工整体质量。此外，对施工材料同样应采取严格的质量管理以及科学检测，按照施工材料与设备方面的有关规范，对材料质量标准做出科学严格的控制，避免由于施工材料质量方面的问题对项目整体质量产生不利影响。

三、项目管理目标控制实施策略分析

（一）提高项目经理管理力度

建筑工程项目管理目标控制阶段，有关部门需对项目经理的关键作用予以充分明确，位于项目管理体系之中，对项目经理具备的领导地位做出有效落实，对项目目标系统的关键影响与作用加以充分明确，并以此作为设置岗位职能的关键基础依据。比如，城市综合体工程项目施工建设阶段，应通过项目经理指导全体人员开展施工建设工作，同时通过项目经理对总体目标同各个部门设计目标做出充分协同。基于工程项目的具体情况，对个人目标做出明确区分，并按照项目经理对项目做出的分析判断，对建设中的各种应用做出有效落实。在招标之前，对项目可行性做出科学系统的深入分析研究，同时完成项目基础的科学设计与合理构想。

（二）确定落实项目管理目标

因为规划项目成本需对项目可行性做出科学系统的深入分析研究，同时严格基于具体情况做出成本控制计算。工程开始进行招标直至施工建设，各个关键节点均需项目管理组织结构在项目经理的管理与组织下，在正式开始施工建设之前，制订科学系统的项目总体计划图。通常而言，招标工作完成之后，施工企业需根据相应的施工计划，对项目施工建设阶段各个节点的施工时间做出相应的判断预测，并对施工阶段各个工序节点做出严格有效落实。施工阶段，加强对进度的严格监督管理，进度中各环节均需有效落实工作具体完成情况。若某阶段由于不可控因素产生工期拖延的情况，应向项目经理进行汇报。同时，管理部门与建设单位之间要有效协调，并对进度延长时间做出推算，并对额外产生的成本做出计算。在下一阶段施工中，应保证在不对质量产生影响的基础上，合理加快施工进度，保证工程可以如期交付。施工建设阶段，项目经济需要重点关注施工进展情况，对项目管理目标做出明确，使具体工作加以有效落实。

（三）科学制定项目管理流程

科学制定项目管理流程，对项目管理目标控制实施有着十分重要的影响。首先，以目标管理过程控制原理为基础，在工程规划阶段，管理部门应事先制订管理制度、成本调控等相应的目标计划，加强工期管理以及成本维控，并对目标控制以及实现的规划加以有效落实。建筑企业对计划进行执行阶段，项目目标突发性和施工环境不稳定因素势必会对其产生相应的影响，工程竣工之后，此类因素还可能对项目目标和竣工产生相应的影响。所以，针对项目施工建设产生的问题，有关部门务必及时快速予以响应，配合建筑与施工企业对工程项目做出科学系统的分析研究，对进度进行全面核查与客观评价，对核查的具体问题需要做出适当调整与有效解决，尽可能降低不稳定因素对工程可靠性产生的不利影响，降低对工程目标产生的负面影响。除此之外，建筑企业同样需对有关部门开展的审核工作予以积极配合，构建科学合理的奖惩机制，对实用可行的项目管理目标控制计划方案予以一定的奖励。同时，构建系统的管理责任制度，对施工建设阶段产生的问题做出严格管理。

综上所述，近些年，随着建筑行业的稳定良好发展，关于建筑工程项目管理目标控制的分析研究逐渐获得众多行业管理人员的广泛学习与充分认可。针对项目管理，如何加强对成本、项目以及工期等的控制，属于存在较强系统性的课题，望通过本节的分析可以引起有关人员的关注，促使项目管理应用整体水平得以切实提升，推动建筑工程项目的稳定良好发展。

第六节 建筑工程项目管理的风险及对策

随着近年来我国社会经济发展水平的不断提升，建筑行业也取得了极为显著的发展，建筑工程的数量越来越多，规模也越来越大，这对于我国建筑市场的繁荣和城市化进程的推进都起到了积极的作用。但是在不断发展的同时，自然也面临着一些问题，就建筑工程本身来说，它存在着一定的危险性，因此对建筑工程进行项目管理是很有必要的，就当前的发展状况来看，项目管理当中也相应的存在着一些风险问题，而为了保证建筑工程可以顺利安全施行，必须要根据这些风险问题及时地进行对策探讨。

对于建筑工程的建设来说，项目管理是其中极为重要并且不可或缺的部分，在进行项目管理的过程当中总是会遇到一些风险问题，那么该如何来应对这些风险便成为一个很重要的问题，对项目管理风险的解决将会直接关系建筑工程项目的运行效果和整体的施工质量，而风险所包含的内容是很多的，比如说建筑工程的技术风险、安全风险和进度风险等方面的内容，这些部分都是和建筑工程项目本身息息相关的，因此说采取积极的对策来对风险进行解决，也是极为必要的。

一、建筑工程项目管理的风险

（一）项目管理的风险包含哪些方面

为了保证建筑工程可以高质量地完成，在实际的施工过程当中需要对建筑工程进行项目管理，建筑工程项目的具体的施工阶段总是会面临着很多不确定的因素，这些因素的不确定性也就是我们常说的建筑工程项目管理风险，就拿地基施工来说，如果在建筑工程的具体施工过程当中没有进行准确的测量，地基的夯实方面不合格，地基承载力不符合相关的设计要求，类似这些状况都是建筑工程项目管理当中的风险，这些风险的存在会直接导致施工质量的不合格，并且还可能会诱发一些相关的安全事故，导致人们的生命财产安全受到威胁，产生的问题也是不容小觑的。

（二）项目管理风险的特点

就建筑工程本身的性质来说就存在着诸多风险因素，比如说工程建设的时间比较长、工程投资的规模比较大等等，而就建筑工程项目管理的风险来说，它的特点也是比较显著的，首先项目管理当中的诸多风险因素本身就是客观存在的，并且很多的风险问题还存在着不可规避性，比如说暴雨、暴雪等恶劣天气因素，因此需要在建筑过程当中加强防御，尽可能地减少损失，由于这样的客观性，所以项目管理的风险同时还有不确定性，除了天气因素之外，施工环境的不同也会导致项目管理风险，因此在进行项目管理的时候需要就相关的经验来加以进行，提前的进行相关防护，利用先进的科技手段对可能会造成损失的风险进行预估，提前采取措施来减少风险造成的损失。

二、针对风险的相关对策探讨

（一）对于预测和决策过程中的风险管理予以加强

在建筑工程正式投入到施工之前总是要经过一个投标决策的阶段，在这个阶段企业就要对可能会出现的风险问题加以调查预测，每个建筑地的自然地理环境总是会相应的存在着差异的，所以要对当地的相关文件进行研究调查，主要包括当地的气候、地形、水文及民俗等有关的部分，然后在这个基础上对有关的风险因素加以分类，对那些影响范围比较大并且损失也较大的风险因素加以研究，然后依据相关的工程经验来制定相应的防范措施，提出适合的风险应对对策等。

（二）对于企业的内部管理要相应加强

在对建筑工程进行项目管理的过程当中，有很多的风险因素是可以被适时地加以规避和化解的，对于不同类型的建筑工程，企业需要选派不同的管理人员，比如对于那些比较复杂的工程和风险比较大的项目来说，要选派工作经验较为丰富且专业技术水平比较强的人员，这样对于施工过程当中的各项工作都可以进行有效的管理，加强各个职能部门对于工程项目本身的管理和支持，对相关的资源也可以实现更加优化合理的配置，这样一来就在一定的程度上减少了一定项目管理风险的出现。

（三）对待风险要科学看待、有效规避

在对建筑工程进行项目管理的时候，很多风险本身就是客观存在的，经过不断的实践也对其中的规律性有所掌握，所以要以科学的态度来看待这些风险问题，从客观规律出发来进行有效的预防，尽可能地达到规避风险的目的，这样一来即使是那些不可控的风险因素，也可以将其损失程度降到最低，而在对这些风险问题加以规避的过程当中，也要合理地进行法律手段的应用，进而得以对自身的利益加强保护，以减少不必要的损失。

（四）采取适合的方式来进行风险的分散转移

对于建筑工程的项目管理来说，其中的风险是大量存在的，但是如果可以将这些风险加以合理的分散转移，那么就可以在一定的程度上降低风险所带来的损失，在进行这项工作的时候，需要采取正确的方式来加以进行，比如联合承包、工程保险等方式，通过这些方法来实现风险的有效分散。

综上，近年来随着我国城市化进程的不断深化，建筑工程的建设也取得了突出的发展，而想要确保建筑项目顺利进行的话，那么对于建筑工程进行项目管理是很必要的，这对于建筑工程的经济效益和施工质量等方面都会在一定的程度上产生影响，也关系人们的人身安全等，所以需要对其加强重视。不可否认的是，在当前的建筑工程项目施工当中仍旧存在着一些风险，如果不能将这些风险及时的解决的话，那么将会产生一定的质量和经济损失，因此必须要正确的采取回避、转移等措施，有效的降低风险发生的概率。

第七节　基于基于 BIM 技术下的建筑工程项目管理

在现代建筑领域中，BIM 技术作为一种管理方式正得到广泛的应用，这一管理方式主要依托于信息技术，对工程项目的建设过程进行系统性的管理，改变了传统的管理理念及管理方式，并将数据共享理念有效地融入进去，提高了整个流程的管理水平。鉴于此，本节从基于 BIM 技术下的建筑工程项目的管理内容入手，对 BIM 建筑工程项目管

理现状及相关措施等方面的内容进行了分析。希望通过本节的论述，能够为相关领域的管理人员提供有价值的参考。

在我国社会经济的发展过程中，离不开建筑行业的发展，建筑工程是促进我国国民经济增长的重要基础。而在建筑工程项目的建设过程中，工程项目管理一直是保障工程建设质量的重要环节。长期实践表明，利用 BIM 技术能够有效完成建筑工程项目管理中的各项工作。下面，笔者结合我国建筑工程项目管理的实际情况，对基于 BIM 技术下的工程项目管理展开分析。

一、全流程管理、打破信息孤岛

在项目决策阶段使用 BIM 技术，需要对工程项目的可行性进行深入的分析，包括工程建设中所需的各项费用及费用的使用情况，以确保能够做出正确的决策。而在项目设计阶段，主要工作任务是利用 BIM 技术设计三维图形，对建筑工程中涉及的设备、电气及结构等方面进行深入的分析，并处理好各个部位之间的联系。在招标投标阶段，利用 BIM 技术能够直接统计出建筑工程的实际工程量，并根据清单上的信息，制定工程招标文件。在施工过程中，利用 BIM 技术，能够对施工进度进行有效的管理，并通过建立的 4D 模型，完成对每一施工阶段工程造价情况的统计。在建筑工程项目运营的过程中，利用 BIM 技术，能够对其各项运营环节进行数字化、自动化的管理。在工程的拆除阶段，利用 BIM 技术，能够对拆除方案进行深入的分析，并对爆炸点位置的合理性进行研究，判断爆炸是否会对周围的建筑产生不利的影响，保证相关工作的安全性。

（一）实现数据共享

在建筑工程项目的管理过程中，利用 BIM 技术，能够对工程项目相关的各个方面的数据进行分析，并在此基础上构建数字化的建筑模型。这种数字化的建筑模型具有可视化、协调性、模拟性及可调节等方面的特点。总之，在采用 BIM 技术进行建筑工程项目管理的过程中，能够更有效地进行多方协作，实现数据信息的共享，提高建筑工程项目管理的整体效率及建设质量。

（二）建立 5D 模型及事先模拟分析

在建筑工程的建设过程中，利用 BIM 技术，能够建立 5D 的建筑模型，也就是在传统 3D 模型的基础上，对时间、费用这两项因素进行有效的融合。也就是说，在利用 BIM 技术对建筑工程项目进行管理的过程中，能够分析出工程建设过程中不同时间的费用需求情况，并以此为依据进行费用的筹集工作及使用工作，提高资金费用的利用率，为企业带来更多的经济效益。而事先模拟分析，则主要是指在利用 BIM 技术的过程中，通过对施工过程中的设计、造价、施工等环节的实际情况进行模拟，避免各个施工环节中的资源浪费情况，从而达到节约成本及提升施工效率的目的。

二、基于 BIM 技术下的建筑工程项目管理现状

现阶段，在利用 BIM 技术对建筑工程项目进行管理的过程中，主要存在硬件及软件系统不完善、技术应用标准不统一及管理方式不标准等方面的问题。BIM 技术在应用过程中，会受到技术软件上的制约。因此，在建筑工程设计阶段运用 BIM 技术的过程中，软件设计方案难以满足专业要求。换言之，BIM 技术的应用水平，与运维平台及相关软件的使用性能方面有着密切的联系。而由于软件系统不完善，导致在传输数据过程中出现一些问题，影响了 BIM 技术的正常使用，对建筑工程项目管理工作造成了不良的影响。

三、加强 BIM 项目管理的相关措施

（一）应加强政府部门的主导

BIM 不仅是一种技术手段，更是一种先进的管理理念，对建筑领域、管理领域等都具有非常重要的作用。因此，我国政府部门应加大对 BIM 技术研究工作的支持，从政策、资金等众多方面为其发展创造良好的环境。在这一过程中，BIM 技术的研究人员应建立标准化的管理流程，加大主流软件的研究力度。

（二）BIM 技术应多与高新技术融合

近几年，新技术不断被研发出来，云技术、互联网、通信技术等先进的科学技术出现在各领域的发展中，在推动各个行业信息化、自动化、智能化发展的同时，也改变了传统的管理思维。可以说，这些新技术的应用，也为 BIM 技术的应用提供了更好的发展途径。实践证明，将 BIM 技术与传感技术、感知技术、云计算技术等先进技术进行有效的结合，能够促进技术的发展，使各领域的管理效率不断提升。

（三）建筑信息模型将进一步完善

我国相关部门正逐步统一各项技术的应用标准，为建筑信息模型的进一步完善奠定了良好的基础。实际上，在利用 BIM 技术的过程中，由于各个阶段建筑模型设计标准的不统一，给建筑模型的有效构建造成了一定的阻碍。而将各阶段的设计标准进行统一，能够将各个环节的设计理念有效地结合在一起，在避免信息孤岛现象的同时，也能够提高管理效率。

通过本节的论述，分析了建筑工程项目管理过程中应用 BIM 技术能够取得良好的

管理效果，也能够进一步提升建筑工程管理的技术水平。可以说，对于经济社会发展中的众多领域来讲，BIM 技术的应用，具有较高的社会价值及经济价值。不过，由于受到技术因素、环境因素及人为因素等方面的影响，BIM 技术的价值并没有完全发挥出来。相信在今后的研究中，BIM 技术的应用将会对建筑行业及其他相关行业的发展奠定更坚实的基础，促进我国社会经济的发展与建设。

第二章　建筑单位项目管理定义

第一节　建筑单位管理中项目建设单位管理要点

一、建筑单位项目管理概述

建筑工程是由很多项目所构成的，在建筑工程项目建设全过程中，需要加强项目管理，保证工程项目的顺利进行。具体而言，需要以建筑工程项目为管理对象，同时，还应该以工程合同为管理依据，对建筑工程施工项目的内在规律进行详细分析，在项目管理过程中，对各类生产要素进行管理，从而对施工资源进行优化配置，确保建设单位能够获得最大经济效益。在进行建筑工程项目管理过程中，通过对施工质量、进度、成本等进行有效的管理和控制，能够有效实现工程项目的建设目标，在此过程中，必须注意各项管理内容均应严格依据合同规定进行。建筑工程项目管理的周期即建筑工程施工的生命周期，也是从工程项目招标至工程项目竣工的周期。现如今，建筑工程施工项目具有多样性和固定性特征，因此，工程项目管理与其他生产管理有较大不同，在进行工程项目管理过程中，一般需要经过长时间的管理实践，与此同时，在进行项目管理过程中，各项管理内容均处于持续动态过程，项目管理比较烦琐，这就要求在项目管理过程中对各项施工内容进行组织协调优化，这样才能保证工程项目的顺利进行。

建筑工程项目是把建设工程项目中的建筑物及其设施工程任务独立出来形成的一种项目，亦被称为建筑施工项目、建筑安装工程项目等。建筑物的配套设施包含建筑内的水、电、空调及其他固定设备。建筑工程项目可定义为：为完成依法立项的新建、改建、扩建的各类建筑物及其设施工程而进行的前期策划、规划、勘察、设计、采购、施工、试运行、竣工验收和移交等过程。它是在特定的环境和约束条件下，具有特定目标的、一次性的建筑施工任务。

建筑工程项目是建筑施工企业的生产对象，包含一个建筑产品的施工过程及其成果。建筑工程项目可能是一个建设项目（由多个单项工程组成）的施工，也可能是其中的一个单项工程或单位工程的施工。但只有单位工程、单项工程和建设项目的施工才称得上建筑工程项目，因为单位工程才是建筑施工企业完整的产品。分部工程、分项工程不是完整的产品，不能称作建筑工程项目（注：由于建设工程包括建筑工程，而本书中的建设工程一般是指建筑工程，所以本书中的“建设工程”与“建筑工程”两词不做严格区分，也不求硬性统一）。

建筑工程项目具有以下特征。

（一）空间的固定性

建筑工程项目是在特定地点进行建设的，不能被转移到其他地方，不能选择实施的场所和条件，只能就地组织实施项目。而且，在哪里建成就只能在哪里投入使用、发挥效益。

（二）生产的约束性

建筑产品的生产是在一定的约束条件下来实现其特定目标的。一是时间约束，即一个建筑工程项目有合理的建设工期目标；二是资源约束，即一个建筑工程项目有一定的投入总量和成本目标；三是质量约束，即每个建筑工程项目都有预期的生产能力、技术水平或使用效益及质量要求的目标。

（三）产品的多样性

建筑工程项目由于其用途互不相同、规格要求不同、场地条件的限制等原因，其产品也多种多样。每一个建筑工程项目都有其各自的施工特点，不能完全重复生产。

（四）环境的开放性

建筑工程项目是在开放的环境条件下进行施工的，由于其体形庞大，不可能移入室内环境中进行施工，作业条件常常是露天的。因此，易受环境和天气等因素的干扰，不确定的影响因素较多。

（五）过程的一次性

建筑工程项目的过程不可逆转，必须一次成功，失败了便不可挽回，因而其风险较大，与批量生产产品有着本质的区别。

（六）施工的专业性

建筑工程的施工有其特定的技术规范要遵守，各种施工规范是建筑行业生产必须遵循的法律依据。要按科学的施工程序和工艺流程组织施工，需使用各种专用的设备和工具。建筑工程的施工是一种专业性较强的以专门的知识和技术为支撑的工作任务。

（七）品质的强制性

建筑工程项目被列为国家政府监督控制的范围，从征地、报建、施工到竣工验收等各个环节，都会受到政府及相关部门的监督和管理，它是在政府的监管过程中进行建设的。不像其他行业，一般要进入市场后才可能会受到政府部门的监督和管理。

（八）组织的协调性

建筑工程项目需要内外部各组织多方面的协作和配合，否则难以顺利完成任务。如到政府部门办理各种建设手续、解决施工用水、供电及与业主、设计单位、监理公司等的配合，往往不是施工企业内部自己能够解决的，需要良好的沟通和协调。

二、建筑单位项目管理中建设方的职责

在建筑工程建设全过程中，需要应用很多先进技术，因此，建筑工程建设的复杂程度比较高，涉及面比较广泛，要求工程建设各方都具有扎实的专业知识以及较高的管理水平，这就要求在进行工程招标，选择设计单位、施工单位以及监理单位时，选择专业性比较强，并且具有一定资质的单位。建设单位指的是建筑工程项目财产的所有者，在工程建设过程中一般被称为建设单位方或者甲方，与之所对应的单位有工程项目设计单位、施工单位、项目监理单位等等，与甲方所对应的单位均称为乙方。在建筑工程项目实施过程中，建设单位与项目实施单位的利益角度是不同的，在实际施工过程中，在对工程项目建设合同履行过程中，乙方一般不会自觉站在甲方角度对工程建设全过程进行管理，而是以自身利益最大化为依据实施施工全过程，这样就容易对甲方的切身利益造成不良影响。对此，建设单位为了保障切身利益，必须加强建筑工程项目管理，增强对工程项目的控制力度。在建筑工程项目实施过程中，建设方对于建设项目的管理职责主要体现在以下几点：对建筑工程项目进行科学合理的规划和决策；制订完善的工程实施计划；在工程项目实施过程中，与其他项目实施单位加强沟通交流，对施工质量进行监督和检查；严格控制施工工期，在保证施工质量的基础上按时完成各项施工工序。

三、建筑单位项目的生命周期

建筑工程项目按照一定的程序进行建设，其过程的一次性决定了每个项目都具有自己的生命周期。一个建筑工程项目，无论规模大小，都要经过仔细的研究论证、周密的评估、精心的设计、详细的预算、充分的准备、认真的执行、严格的监督和科学的管理等一系列运作过程才能完成。为便于对这些活动进行管理，人们通常把一个建筑工程项目从开始到结束整个过程按照先后顺序划分成含有不同工作内容而又互相联系的五个阶段，这些阶段

构成了建筑工程项目的生命周期。建筑工程项目生命周期的五个阶段如下。

（一）项目决策阶段

项目决策阶段主要是进行项目的研究、论证和评价，并在此基础上进行投资决策。项目决策阶段需完成投资机会研究、初步可行性研究和可行性研究等工作。

（二）项目设计阶段

项目设计阶段的主要工作是进行项目的方案设计、初步设计和施工图设计。方案设计一般在设计招投标阶段完成，设计中标单位与业主签订设计合同，在对原设计方案进一步完善后，可进行初步设计，初步设计经建设主管部门批准后，才能进行施工图设计。

（三）项目施工阶段

项目施工阶段的主要工作是项目施工招投标和承包商的选定、签订项目承包合同、制定项目实施总体规划和计划、项目组织和建设准备及项目施工等。通过项目施工，在规定的控制约束条件下，实现各项工作目标，最后按设计要求完成项目。

（四）项目的竣工验收阶段

项目竣工验收阶段是工程施工完工的标志。在竣工验收前，施工单位内部应先进行预验收，一般由监理公司组织进行，主要检查各单位工程和装饰工程的施工质量，整理各项竣工验收的技术资料。在此基础上，由建设单位组织正式竣工验收，经相关部门验收合格，并到建设主管部门备案，办理验收签证手续后方可交付使用。竣工验收日即工程的完工日期。

（五）项目的保修阶段

项目的保修阶段是建筑工程项目的最后阶段，是项目全部结束前的试用期阶段，即在验收以后，按合同规定的责任期内进行用后服务、回访与保修，其目的是保证使用单位正常使用，发挥效益。这一阶段的工作存在较大的不确定性，在责任期内既可能什么事情也没有，也可能因为所完成的工作存在一些不足而在试用期里出现各种各样的问题和缺陷，需要进行改正、返工或加固。责任期出现的质量问题由施工企业免费维护，如造成损失还要进行赔偿。只有责任期满，这个项目才最终结束，施工企业才能结清全部的施工费用。

四、建筑工程管理中项目建设单位管理要点

（一）建立健全管理制度

建设单位在对工程项目进行管理过程中，首先应该制定完善的管理制度，指导工程项目施工的顺利进行。在制定管理制度时，应该紧密结合工程项目施工计划，并严格落实各项管理责任制度，落实奖惩措施。在管理制度的制定过程中，应该坚持科学合理的原则，要求员工在实际工作中能够自觉履行自身工作职责，具体而言，应该注意以下几点：①建设单位应该切实落实好质量管理体系中的各项内容；②应该完善各项安全管理体系以及各项经济责任制度，在制度的制定过程中，应该始终坚持以人为本。在单位内部应该建立安全管理的机构，使基层管理人员都能充分发挥自身的作用，通过横向管理和纵向管理相结合的方式，确保施工的文明程度。在文明施工的引领下，企业可以实现现代化的管理，防止在施工的过程中产生各类浪费的情况，节省投资，实现原材料的最高效率的使用，在一定程度上会推动单位经济效益的提升。

（二）建设单位与设计单位协调沟通

为了更好地实现建设单位的需求，建设单位在项目管理过程中，应该积极主动地与设计单位进行沟通，提出具体详细的设计内容，确定具体的出图时间节点，明确图纸的设计深度，并指定专人督促设计单位保质保量按期提供图纸。如果有条件，还应该与设计单位相关设计人员进行现场勘察交流，保证设计图纸的内容能够涵盖建设单位的所有要求。建设单位在拿到图纸之后立即组织相关专业人员进行图纸的认真盘点检查，避免设计漏项；建设单位在施工单位进行施工之前，要组织设计单位向施工单位进行设计交底，就施工单位不明确的内容以及特殊的施工工艺要求进行交流沟通，并及时提出意见或建议。在建筑工程施工过程中，可能会出现工程设计变更问题，对此，应该及时与设计单位沟通，明确设计变更的内容以及设计变更单的下发时间；处理质量事故时，要求设计单位相关人员参加，并提出针对性的处理措施，保证项目的实施质量。

（三）建设单位与施工单位协调沟通

通过招投标产生的施工单位，是建筑工程项目工程的建造者，施工单位的操作程序和方法会对建筑工程项目造价、质量、进度产生较大影响，对此，建设单位应注意以下几点：①严格执行合同管理。核查施工单位进场人员、机械与投标承诺是否相符，如有变化，则必须是等条件更换。目前，建筑市场挂靠现象严重，给建设单位施工管理带来了麻烦和问题，为此，严格执行合同管理是至关重要的。同时，针对建筑工程特点，要

求施工单位配备具有相应施工经验的管理人员，保证工程的顺利进行。②引入考核机制。在合同谈判阶段，建设单位方在合同中设定一些考核施工单位履行合同的措施，合同条款中设立明确的奖罚措施，能最大限度地保障工程顺利进展，避免发生合同纠纷。另外，建设单位也可拟定对施工单位管理人员的考核措施，激励一线员工。

（四）建设单位与监理单位协调沟通

目前，在建筑工程施工中，根据相关法律和规范的要求，要求在实际施工过程中加强施工监理，就建设单位要处理好对监理单位的监督，明确监理单位的工作职责。监理单位除了负责在项目实施过程中对安全、进度、质量等的监督之外，还要特别注意对隐蔽工程、主要施工材料、分包工程、施工单位施工经验较差的工艺、项目的特殊过程和关键工序的监督，这些对整个项目施工质量的保证起到了关键性作用。除此以外，在施工进度落后时，监理单位要审查施工单位提交的整改措施，并在赶工的时间段进行旁站监督，确保在保证建筑工程施工质量的基础上尽量追回工期。

（五）验收阶段质量管理对策

建筑工程施工完成，建设单位还需要对工程项目施工质量进行验收管理，在此过程中，应该注意加强验收过程监督，在验收过程中，如果现场抽样检验结果不符合规范要求，则应该对不合规范的原因进行分析，或者再次进行抽样检测和试验分析，确保结果准确可靠，对经过检验后发现问题的部位，应该采取修复措施，提高工程质量。另外，进行观感质量评定，由检验人员开展现场质量检查，对工程质量状况进行评分，常用的检测方法包括观察、触摸、简单的量测等，要根据建筑工程主体结构的外观、尺寸、平整度、表面缺陷、表面硬度等指标进行综合判定。通常建筑工程主体结构观感质量评定为“合格、一般、差”，对于评价为“差”的主体结构，应该及时采取措施修复，确保工程质量。

综上所述，在建筑工程项目实施过程中，建设单位必须加强工程项目管理，这样才能保证切身利益，提高施工质量，加强工程成本控制，提升工程建设效益，并推进行业可持续发展。具体而言，建设单位在进行工程项目管理时，首先应该明确意识到自身的管理职责，建立健全管理制度，同时还应与工程设计单位、施工单位、监理单位以及工程质量监督部门做好协调沟通。另外，在工程项目建设完成后，还应该进行严格的验收管理，通过对工程项目建设进行全过程管理，有利于保证工程项目建设的顺利实施。

第二节 建筑单位项目管理的类型

按建筑工程项目不同参与方的工作性质和组织特征划分，建筑工程项目管理可分为建设方的项目管理、设计方的项目管理、施工方的项目管理、供货方的项目管理及项目总承包方的项目管理。

一、建设方的项目管理

建设方项目管理贯穿工程建设的全过程，即项目决策、项目设计、项目施工、项目竣工验收及项目保修五个阶段。建设方项目管理也称业主方项目管理或甲方项目管理。

建设方项目管理的目标是认真做好项目的投资机会研究，并做出正确的决策；按设计、施工等合同的要求组织和协调建设各方的关系，完成合同规定的进度、质量、投资三大目标；同时协调好与建设工程有关的外部组织的关系，办理建设所需的各种业务。建设方的项目管理工作涉及项目实施阶段的全过程，其工程项目管理的主要内容有组织协调、合同管理、信息管理、安全管理、投资管理、质量管理和进度管理等方面。

由于建筑工程项目的实施是一次性的任务，故建设方自行进行项目管理往往有很大的局限性。首先在技术和管理方面，往往缺乏配套的力量，如果配备了管理班子，没有连续的工程任务就会造成技术资源的浪费。在市场经济体制下，建筑工程项目的建设方已经可以依靠社会咨询企业为其提供项目管理服务。咨询单位接受项目业主的委托，为项目业主服务，参与项目投资决策、立项和可行性研究、招投标及全过程管理工作。

（一）监理项目管理

监理项目是由监理单位进行管理的项目。监理单位受项目建设单位的委托，签订监理委托合同，为建设单位进行建设项目管理。监理单位是专业化的技术管理组织，它具有服务性、科学性、独立性和公正性，按照有关监理法规进行项目管理。它的工作本质就是咨询服务。监理单位与业主及施工企业是建设工程的三方主体，监理单位、施工企业分别与业主是合同的关系，监理单位是建设市场公正的第三方。监理单位受建设单位的委托，对设计和施工单位在承包活动中的行为和责权利按合同的规定进行必要的协调与管理，对建设项目进行投资管理、进度管理、质量管理、安全管理、合同管理、信息管理与组织协调。建设监理制度，是我国为了发展生产力、提高工程建设投资效果、健全和完善建筑市场管理体制、对外开放与加强国际合作、与国际惯例接轨的需要而实行的。1996 年开始全面推广，1998 年开始实行注册监理工程师负责制度，这是我国建设体制的一次重大变革。

（二）咨询项目管理

咨询项目是由咨询单位受项目建设单位委托，对工程建设全过程或分阶段进行专业化管理和服务的工程项目。咨询单位作为中介组织，具有专业服务的知识与能力，可以接受发包人或承包人的委托进行工程项目管理，也就是进行智力服务。通过咨询单位的智力服务，提高工程项目管理水平，并为政府、市场和企业之间的联系纽带。在市场经济体制下，由咨询单位进行工程项目管理已经成了一种国际惯例。

咨询项目主要有工程勘察、设计、施工、监理、造价咨询和招标代理等项目。咨询单位应当具有工程勘察、设计、施工、监理、造价咨询和招标代理等一项或多项资质。从事咨询项目的专业技术人员，应当具有城市规划师、建筑师、工程师、建造师、监理工程师、造价工程师等一项或多项执业资格证。

咨询项目管理业务范围包括以下内容。

（1）协助业主方进行项目前期策划、经济分析、专项评估与投资确定。

（2）协助业主方办理土地征用、规划许可等有关手续。

（3）协助业主方提出工程设计要求、组织评审工程设计方案、组织工程勘察设计招标、签订勘察设计合同并监督实施，组织设计单位进行工程设计优化、技术经济方案比选并进行投资控制。

（4）协助业主方组织工程监理、施工、设备材料采购招标。

（5）协助业主方与工程项目总承包企业或施工企业及建筑材料、设备、配件供应等企业签订合同并监督实施。

（6）协助业主方制订工程实施用款计划、进行工程竣工结算和工程决算、处理工程索赔、组织竣工验收、向业主方移交竣工档案资料。

（7）协助业主方进行生产试运行及工程保修期管理，组织项目评估。

（8）项目管理合同约定的其他工作。

二、设计方的项目管理

设计单位受项目建设单位委托承担工程项目的设计任务。以设计合同规定的工作内容及其责任义务作为该项工程设计管理的内容和条件，通常称为设计项目管理。设计项目管理是设计单位对履行工程设计合同和实现设计单位的经营方针目标而进行的一系列设计管理活动。尽管设计单位在项目建设中的地位、作用和利益追求与项目业主不同，但它也是建筑工程项目管理的重要参与者之一。按照设计合同，进行设计项目管理才能有效地贯彻业主的建设意图，实施设计阶段的投资、质量和进度控制。

设计方项目管理的目标包括设计的成本目标、进度目标、质量目标及建设投资总目标。设计方的项目管理工作主要在项目设计阶段进行，但是也涉及项目施工阶段、项目竣工验收阶段。因为在施工阶段，设计单位应根据在施工过程中发现的问题，及时修改和变更设计；在竣工验收阶段，需配合业主和施工单位进行项目的验收工作。

三、施工方的项目管理

施工单位通过工程施工投标取得工程施工承包合同，并以施工合同规定的工程范围和内容组织项目管理，称为施工项目管理。从完整的意义上说，这种施工项目应该指施工总承包的完整工程项目，包括其中的土建工程施工和建筑设备安装工程施工，最终形成具有独立使用功能的建筑产品。然而从建筑工程项目的施工特点来分析，分项工程、分部工程也是构成工程项目的相对独立且非常重要的组成部分，它们既有其特定的约束条件和目标要求，而且也是一次性的任务。因此，建筑工程项目按部位分解发包，承包方仍然可以把按承包合同规定的局部施工任务作为项目管理的对象，这就是广义的施工企业的项目管理。

施工方项目管理的目标包括施工的成本目标、进度目标和质量目标。施工方的项目管理工作主要在项目施工阶段进行，但还涉及项目的竣工验收和项目的保修阶段。施工方项目管理的任务包括施工进度管理、质量管理、安全管理、成本管理、合同管理、信息管理、采购管理、资源管理、风险管理和项目结束阶段的管理以及与施工有关的组织与协调。

四、供货方的项目管理

从建筑工程项目管理的系统工程分析的角度看，建设物资供应工作是工程项目实施的一个子系统，它有明确的任务和目标、明确的制约条件以及项目实施子系统的内在联系。因此制造厂、供应商同样可以根据加工生产制造和供应合同所规定的任务，对项目进行目标管理和控制，以适应建筑工程项目总目标和控制的要求。

供货方项目管理的目标包括供货的成本目标、供货的进度目标和质量目标。供货方的项目管理工作主要在施工阶段进行，但也涉及项目设计阶段和项目保修阶段。供货方项目管理的任务包括供货的进度管理、质量管理、安全管理、成本管理、合同管理、信息管理以及与供货有关的组织与协调。

五、总承包方的项目管理

总承包方项目管理是指建设单位在项目决策之后，将设计和施工任务通过招投标方式选定一家总承包单位来承包完成，最终交付使用后功能和质量标准符合合同文件规定的要求。因此，总承包方的项目管理是贯穿于项目实施全过程的管理，既包括设计阶段也包括施工及安装阶段。其性质是全面履行工程总承包合同，以实现其企业承建工程的经营方针和目标，以取得预期经营效益为动力而进行的工程项目自主管理。显然，总承包方必须在合同条件的约束下，依靠自身的技术和管理优势或实力，通过优化设计及选择合理的施工方案，在规定的时间内，保质保量地全面完成工程项目的承建任务。

总承包方项目管理的主要目标包括项目的总投资目标和总承包方的成本目标、项目的进度目标和项目的质量目标。建设工程项目总承包方项目管理工作涉及项目实施阶段的全过程，即项目设计阶段、项目施工阶段、项目竣工验收和保修阶段。总承包方项目管理的任务包括施工进度管理、质量管理、安全管理、成本管理、合同管理、信息管理、采购管理、资源管理、风险管理和项目结束阶段的管理以及与施工有关的组织与协调。

第三节　建筑单位项目管理规划

一、建筑单位项目管理规划的分类和作用

施工项目管理规划是指导施工项目管理工作的文件，对项目管理的目标、内容、组织、资源、方法、程序和控制措施进行安排。它是施工项目管理全过程的规划性的、全局性的技术经济文件，也称“施工管理文件”。

施工项目管理规划分为施工项目管理规划大纲和施工项目管理实施规划两类。

施工项目管理规划大纲的作用有两方面。一是作为投标人的项目管理总体构想，用以指导项目投标，以获取该项目的施工任务；非经营部分是技术标书的组成部分，作为投标人响应招标文件的要求，即为编制投标书进行指导、筹划、提供原始资料。二是作为中标后详细编制可具体操作的项目管理实施规划的依据，即实施规划是规划大纲的具体化和深化。

施工项目管理实施规划的作用是具体指导施工项目的准备和施工，使施工企业项目管理的规划与组织、设计与施工、技术与经济、前方与后方、工程与环境等高效地协调

起来，以取得良好的经济效果。

二、建筑单位项目管理规划大纲

施工项目管理规划大纲应体现投标人的技术和管理方案的可行性和先进性，以利于在竞争中获胜中标，因此要依靠企业管理层的智慧和经验进行编制，以取得充分依据，发挥综合优势。

施工项目管理规划大纲主要包括以下内容。

（一）项目概况

项目概况包括项目产品的构成、基础特征、结构特征、建筑装饰特征、使用功能、建设规模、投资规模和建设意义等。

（二）项目实施条件分析

项目实施条件分析包括对合同条件、现场条件、法规条件及相关市场、自然和社会条件等的分析。

（三）项目管理目标

项目管理目标包括质量、成本、工期和安全的总目标及其所分解的子目标，施工合同要求的目标，承包人自己对项目的规划目标。

（四）项目组织结构

项目组织结构包括拟选派的项目经理，拟建立的项目经理部的主要成员、部门设置和人员数量等。

（五）质量目标和施工方案

质量目标包括招标文件（或发包人）要求的质量目标及其分解目标、保证质量目标实现的主要技术组织措施；重点单位工程或重点分部工程的施工方案，包括工程施工程序和流向，拟采用的施工方法、新技术和新工艺，拟选用的主要施工机械，劳动组织与管理措施。

（六）工期目标和施工总进度计划

工期目标包括招标文件（或发包人）的总工期目标及其分解目标；施工总进度计划包括主要施工活动的进度计划安排、施工进度计划表或施工网络计划、保证进度目标实现的措施。

（七）成本目标

成本目标包括总成本目标和总造价目标、主要成本项目及成本目标分解、人工及主要材料用量、保证成本目标实现的技术措施。

（八）项目风险预测和安全目标

项目风险预测包括根据工程的实际情况对施工项目的主要风险因素做出预测、制定相应的对策措施、确定风险管理的主要原则；安全目标包括落实安全责任目标、找出施工过程中的不安全因素、明确安全技术组织措施，专业性较强的施工项目，应当编制安全施工组织计划，并采取有效的安全技术措施。

（九）项目现场管理和施工平面图

项目现场管理包括项目现场管理目标和管理原则，项目现场管理主要技术组织措施；施工平面图包括承包人对施工现场安全、卫生、文明施工、环境保护、建设公害治理、施工用地和平面布置方案等的规划安排，施工现场平面特点，施工现场平面布置原则，施工平面图及其说明。

（十）投标和签订施工合同

投标和签订施工合同包括投标和签订合同总体策略、工作原则、投标小组组成、签订合同谈判组成员、谈判安排、投标和签订施工合同的总体计划安排。

（十一）文明施工及环境保护

文明施工及环境保护是指根据招标文件的要求及现场的具体情况，考虑企业的综合能力和竞争的需要，对发包人做出现场文明施工及环境保护方面的承诺。

三、建筑单位项目管理实施规划

施工项目实施规划应以施工项目管理规划大纲的总体构想为指导，来具体规定各项管理工作的目标要求、责任分工和管理方法，把履行施工合同和落实项目管理目标责任书的任务，贯穿在项目管理实施规划中是项目管理人员的行为准则。

施工项目管理实施规划必须由项目经理组织项目经理部在工程开工之前编制完成。监理工程师应审核承包人的施工项目管理实施规划，并在检查各项施工准备工作完成后，才能正式批准开工。

施工项目管理实施规划主要包括以下内容。

（一）工程概况

工程概况包括工程特点、建设地点特征、施工条件、项目管理要求及总体要求。

（二）施工部署

施工部署包括该项目的质量、进度、成本及安全总目标；施工程序；项目管理总体安排，即组织、制度、控制、协调、总结分析与考核；拟投入的最高人数和平均人数；分包规划、劳动力吸纳规划、材料供应规划、机械设备供应规划等。

（三）施工方案

施工方案包括施工流向和施工程序、施工段划分、施工方法和施工机械选择、安全施工方案等。

（四）施工进度计划

如果是建设项目施工，应编制施工总进度计划；如果是单项工程或单位工程施工，应编制单位工程施工进度计划。

（五）资源供应计划

资源供应计划包括劳动力供应计划，主要材料和周转材料供应计划，机械设备供应计划，预制品订货和供应计划，大型工具、器具供应计划等。编制的各种计划应明确分类，数量和需用时间宜用表格表示。

（六）施工准备工作计划

施工准备工作计划包括施工准备工作组织及时间安排、技术准备、施工现场准备、作业队伍和管理人员的组织准备、物资准备、资金准备等。

（七）施工平面图

施工平面图包括施工平面图说明、设计依据、设计说明、使用说明，拟建工程的各种临时设施、施工设施及图例，施工平面图布置等。施工平面图必须按现行制图标准和要求进行绘制。

（八）施工技术组织措施计划

施工技术组织措施计划包括保证实现进度目标的措施、达到质量目标的措施、实现安全目标的措施、保证成本目标的措施、保护环境的措施、文明施工措施、季节施工的措施等。

各项施工技术组织措施计划均宜包括技术措施、组织措施、经济措施及合同措施。

（九）项目风险管理

项目风险管理包括风险因素识别一览表、风险可能出现的概率及损失值估计、风险管理重点、风险防范对策、风险管理责任等。

（十）技术经济指标的计算与分析

（1）根据所编制的项目管理实施规划，列出以下规划指标：总工期；分部工程及单位工程达到的质量标准，单项工程和建设项目质量水平；总造价和总成本，单位工程造价和成本，成本降低率；总用工量，平均人数，高峰人数；劳动力不均衡系数，单位面积用工；主要材料消耗量及节约量；主要大型机械使用数量、台班量及利用率。

（2）对以上指标的水平高低做出分析和评价。

（3）对实施难点提出对策。

四、建筑单位项目管理规划与施工组织设计的区别

传统的“施工组织设计”，是我国在长期工程建设实践中总结出来的一项施工管理制度，目前仍在工程中贯彻执行。根据编制的对象和深度要求的不同，分成施工组织总设计和单位工程施工组织设计两种类型。它属于施工规划而非施工项目管理规划，因此，《建筑工程项目管理规范》规定：“当承包人以编制施工组织设计代替项目管理规划时，施工组织设计应满足项目管理规划的要求。”即施工组织设计应根据项目管理的需要，增加项目风险管理和信息管理等内容，使之成为项目管理的指导性文件。

五、建筑单位项目管理规划的编制要求

施工项目管理规划的编制应符合以下要求。

（1）符合招标文件、合同条件以及发包人（包括监理工程师）对工程的具体要求。

（2）具有科学性和可执行性，符合工程实际的需要。

（3）符合国家和地方法律、法规、规程和规范的有关规定。

（4）符合现代管理理论，尽量采用新的管理方法、技术和工具。

（5）运用系统工程的理论和观点来组织项目管理，使规划达到最优化的效果。

第四节　建筑单位项目管理组织

一、建筑单位项目管理的组织形式

建筑工程项目的组织形式要根据项目的管理主体、项目的承包形式、组织的自身情况等来确定。

（一）直线职能式项目管理组织

直线职能式项目管理组织是指结构形式呈直线状，且设有职能部门或职能人员的组织，每个成员（或部门）只受一位直接领导指挥。其组织形式如图 1 所示。

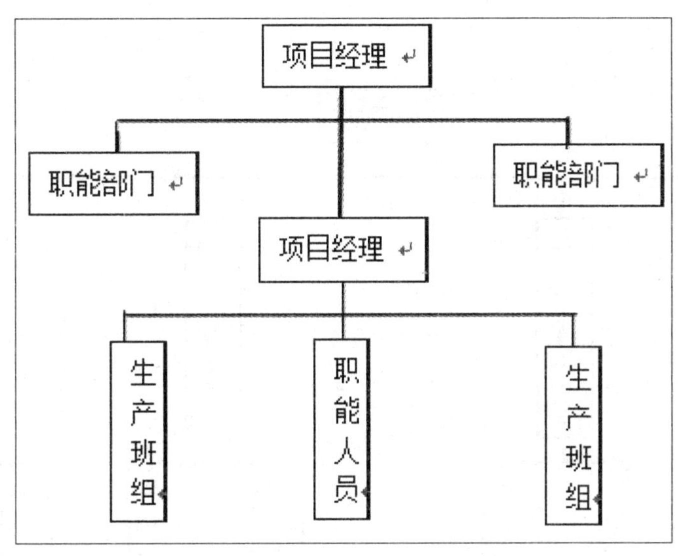

图 1 直线职能式项目管理组织形式

直线职能式项目管理组织形式是将整个组织结构分为两部分。一是项目部生产部门。它们实行直线指挥体系，自上而下有一条明确的管理层次，每个下属人员都明确的知道自己的上级是谁，而每个领导也都明确的知道自己的管辖范围和管辖对象。在这条管理层次线上，每层的领导都拥有对下级实行指挥和发布命令的权力，并对处于本层次部门的工作全面负责。二是项目部职能部门。项目部职能部门是项目经理的参谋和顾问，只能对施工队的施工人员实施业务指导、监督、控制和服务，而不能直接对生产班组和职能人员进行指挥和发布命令。

直线职能式的组织结构保证了项目部各级单位都有统一的指挥和管理，避免了多头领导和无人负责的混乱现象，同时，职能部门的设立，又保证了项目管理的专业化，既在保证行政统一指挥的同时，又接受专职业务管理部门的指导、监督、控制和服务，避免了项目施工单位（施工队）只注重进度和经济效益而忽视质量和安全的问题。

这种组织模式虽有上述一些优点，但也存在着不易正确处理好行政指挥和业务指导之间关系的问题。如果这个关系处理不好，就不能做到统一指挥，下属人员仍然会出现多头领导的问题。这个问题的最终处理方法，是在企业内部实行标准化、规范化、程序化和制度化的科学管理，使企业内部的一切管理活动都有法可依、有章可循，各级各类管理人员都应该明确自己的职责，照章办事，不得相互推诿和扯皮。

（二）事业部式项目管理组织

事业部式项目管理组织是指由企业内部成立派往各地的项目管理班子，并相应成立具有独立法人资格的企业分公司，这些分公司可以按地区或专业来划分。其组织形式如图 2 所示。

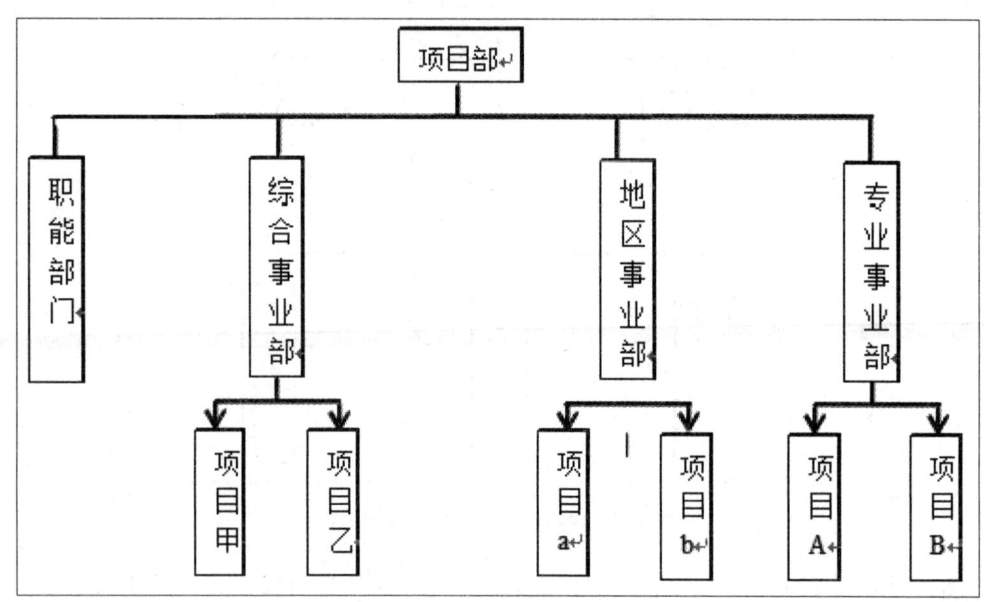

图 2　事业部式项目管理组织形式

事业部对企业来说是内部的职能部门，对企业外部具有相对独立的经营权，也可以是一个独立的法人单位。事业部可以按地区设置，也可以按工程类型或经营内容设置。事业部的主管单位可以是企业，也可以是企业下属的某个单位。如图 2 中的地区事业部，可以是公司的驻外办事处，也可以是公司在外地设立的具有独立法人资格的分公司。专业事业部是公司根据其经营范围成立的事业部，如基础公司、装饰公司、钢结构公司等。事业部下设项目经理部，项目经理由事业部任命或聘任，受事业部直接领导。

事业部式项目管理组织，能迅速适应建筑市场的变化，提高施工企业的应变能力和决策效率，有利于延伸企业的经营管理职能，拓展企业的业务范围和经营领域，扩大企业的影响。按事业部式建立项目组织，其缺点是企业对项目经理部的约束力减弱，协调指导的机会减少，当遇到技术问题时，不能充分利用企业技术资源来解决，往往会造成企业结构的松散，导致公司的决策不能全面贯彻执行。

事业部式项目组织适用于大型经营性企业的工程承包项目，特别适用于远离公司本部的工程承包项目。

（三）矩阵式项目管理组织

矩阵式项目管理组织是指其组织结构形式呈矩阵状，项目管理人员既要接受企业有关职能部门或机构的业务指导，同时还要服从项目经理的直接领导。

矩阵式项目管理组织的主要优点有：首先，该组织解决了传统管理模式中企业组织和项目组织相互矛盾的状况，把项目的业务管理和行政管理有机地联系在一起，达到专业化管理效果；其次，能以尽可能少的人力，实现多个项目的高效管理，管理人员可以根据工作情况在各项目中流动，打破了一个职工只接受一个部门领导的原则，大大加强了部门间的协调，便于集中各种专业和技能型人才，快速去完成某些工程项目，提高了管理组织的灵活性；最后，它有利于企业在内部推行经济承包责任制和实行目标管理，同时，也能有效精简施工企业的管理机构。

矩阵式项目管理组织存在以下缺点：矩阵式项目管理组织中的管理人员，由于要接受纵向（所在职能部门）和横向（项目经理）两个方面的双重领导，必然会削弱项目部的领导权利和出现推诿现象，当两个部门的领导意见不一致或有矛盾时，便会影响工程进展；当管理人员同时管理多个项目时，往往难以确定管理项目的优先顺序，造成顾此失彼。矩阵式项目管理组织对企业管理水平、项目管理水平、领导者的素质、组织机构的办事效率、信息沟通渠道的畅通等均有较高要求，因此，在协调组织内部关系时必须要有强有力的组织措施和协调办法，来解决矩阵式项目管理组织模式存在的问题和不足。

矩阵式项目管理的组织模式，适用于同时承担多个大型、复杂的施工项目的企业。

二、建筑单位项目任务的组织模式

工程项目任务的组织模式是通过研究工程项目的承发包方式，确定工程的任务模式。任务模式的确定也决定了工程项目的管理组织，决定了参与工程项目各方的项目管理的工作内容和责任。

一个建设项目按工作性质和专业不同可分解成多个建设任务，如项目的设计、项目的施工、项目的监理等工作任务，这些任务不可能由项目法人自己独立完成。对于项目的建筑施工任务，一般要委托专门的有相应资质的建筑施工企业来承担，对项目设计和监理任务也要委托有相应资质的专业设计和监理咨询单位来完成。项目业主或法人如何进行委托、委托的形式及做法等就是这里所要讨论的建设项目任务的组织模式。

建筑市场的市场体系主要由三方面构成：一是以业主方为主体的发包体系；二是以

设计、施工、供货方为主体的承建体系；三是以工程咨询、评估、监理等方面为主体的咨询体系。市场三方主体由于各自的工作对象和内容不同、深度和广度不同，它们各自的项目任务组织模式也不同。

一般情况下，项目业主或法人必须通过建筑工程交易市场招投标来确定建筑工程项目的中标单位，并采用承发包的形式来进行项目委托。建筑工程项目任务组织模式主要有平行承发包、总分包、项目全包、全包负责、施工联合体和施工合作体等承发包模式。

（一）平行承发包模式

平行承发包模式是业主将工程项目的设计、施工等任务分解后，分别发包给多个承建单位的方式。此时无总包和分包单位，各设计单位、施工单位、材料设备供应单位及咨询单位之间的关系是平等的，各自对业主负责。

对业主而言，平行承发包模式将直接面对多个施工单位、多个材料设备供应单位和多个设计单位，而这些单位之间的关系是平行的。对于某个承包商而言，他只是这个项目众多承包商中的一员，与其他承包商并无直接的关系，但需共同工作，他们之间的协调由业主来负责。

（二）总分包模式

总分包模式分为设计任务总分包与施工任务总分包两种形式。它是业主将工程的全部设计任务委托给一家设计单位承担，将工程的全部施工任务委托给另一家施工单位来承建的方式。这一设计单位也就成为设计总承包单位，施工单位就成为施工总承包单位。采用总分包模式，业主在项目设计和施工方面直接面对的只是这两个总承包单位。这两个总承包单位之间的关系是平行的，他们各自对业主负责，他们之间的协调由业主负责。总承包单位与业主签订总承包合同后，可以将其总承包任务的一部分再分包给其他承包单位，形成工程总承包与分包的关系。总承包单位与分包单位分别签订工程分包合同，分包单位对总承包单位负责，业主与分包单位没有直接的合同关系。业主一般会规定允许分包的范围，并对分包商的资格进行审查和控制。

（三）项目全包模式

项目全包模式是业主将工程的全部设计和施工任务一起委托给一个承包单位进行实施的方式。这一承包单位就称为项目总承包单位，由其进行从工程设计、材料设备订购、工程施工、设备安装调试、试车生产到交付使用等一系列全过程的项目建设工作。采用项目全包模式，业主与项目总承包单位签订项目总包合同，只与其发生合同关系。项目总承包单位一般要同时拥有设计和施工力量，并具有国家认定的相应的设计和施工资质，且具备较强的综合管理能力。项目总承包单位也可以由设计单位和施工单位组成项目总承包联合体。项目总承包单位可以按与业主签订的合同要求，将部分的工程任务分包给分包单位完成，总承包单位负责对分包单位进行协调和管理，业主与分包单位不存在直接的承发包关系，但在确定分包单位时，须经业主认可。

（四）全包负责模式

项目全包负责模式是指全包负责单位向业主承揽工程项目的设计和施工任务后，经业主同意，把承揽的全部设计和施工任务转包给其他单位，它本身并不承担任何设计和施工任务。这一点也是项目全包负责模式与全包模式的根本区别。项目全包模式中的总包单位既可自己承担其中的部分任务，又可将部分任务分包给其他单位，全包负责单位在项目中主要是进行项目管理活动。除项目全包负责外，还有设计全包负责与施工全包负责两种模式。

（五）施工联合体模式

施工联合体是若干建筑施工企业为承包完成某项大型或复杂工程的施工任务而联合成立的一种施工联合机构，它是以施工联合体的名义与业主签订一份工程承包合同，共同对业主负责，它属于紧密型联合体。在联合体内部，即参加施工联合体的各施工单位之间还要签订内部合同，以明确彼此的经济关系和责任等。

施工联合体的承包方式是由多个承建单位联合共同承包一个工程的方式。多个承建单位只是针对某一个工程而联合，各单位之间仍是各自独立的，这一工程完成以后，联合体就不复存在。施工联合体统一与业主签约，联合体成员单位以投入联合体的资金、机械设备以及人员等作为在联合体中的投入份额，财务统一，并按各自投入的比例分享收益与风险。

施工联合体中的成员企业，共同推选出一位项目总负责人，由其统一组织领导和协调工程项目的施工。施工联合体一般还要设置一个监督机构，由各成员企业指派专人参加，以便共同商讨项目施工中的有关事宜，或作为办事机构处理有关日常事务。

采用施工联合体的工程承包方式，联合体成员单位在资金、技术、管理等方面可以集中各自的优势，各取所长，使联合体有能力承包大型和复杂工程，同时也可以增强抵抗风险的能力。施工联合体不是注册企业，因而不需要注册资金。在工程进展过程中，若联合体中某一成员单位破产，则其他成员仍需对工程的实施负责，其他成员企业需要共同协商补充相应的资源来保证工程施工的正常进行。通常在联合体内部合约中有相应的规定，业主一般不会因此而造成损失。

（六）施工合作体模式

施工合作体是多个建筑施工企业以合作施工的方式，为承包完成某项工程建设施工任务组成的联合体。它属于松散型联合体。施工合作体与业主签订承包合同，由合作体统一组织、管理与协调整个工程的实施。施工合作体形式上与施工联合体相同，但实质上却完全不同。合作体成员单位只是在合作体的统一规划和协调下，各自独立地完成整个承包内容中的某个范围和规定数量的施工任务，各成员企业投入项目中的人、财、物等只为本施工企业支配使用，各自独立核算、自负盈亏、自担风险。施工合作体一般不设置统一的指挥机构，但需推选若干成员企业负责施工合作体的内部协调工作，工程竣工后的利益分配无须统一进行。如果施工合作体内部某一成员单位破产倒闭，其他成员无须承担相应的经济责任，这一风险由业主承担。对于业主而言，采用施工合作体的模式，组织协调工作量可以减少，但项目实施的风险要大于施工联合体。

三、建筑方项目管理方式

（一）建设单位自管方式

建设单位自管方式是指建设单位直接参与并组织项目的管理。一般是建设单位设置基建机构，负责建设项目管理的全过程，如支配资金、办理各种手续及场地准备、设计招标、采购设备、施工招标、验收工程以及协调和沟通内外组织的关系。有的还组织专门的技术力量，对设计和施工进行审核和把关。但作为一个单位的基建部门，其专业技术人才的数量、人才结构、水平等往往不能满足工程建设的需要，而且由于工程建设任务不多，工作经验难以积累，往往造成项目的管理不善，不能实行高效科学的管理。

（二）工程指挥部管理组织方式

工程指挥部通常由政府主管部门指令各有关方面派代表组成，工程完工后指挥部即宣告解体。在计划经济体制下，指挥部的管理体制对保证重点工程建设项目的顺利实施、发展国民经济起着非常重要的作用。进入市场经济以后，工程指挥部管理方式的弊端越来越多地显露出来，如工程指挥部的工作人员临时从四面八方调集而来，多数人员一般缺乏项目管理经验。由于是一次性、临时性的工作，难以积累经验，工作人员不稳定，思想上也不会很重视。指挥部政企不分，与建设单位的关系是领导与被领导关系，指挥部凌驾于建设单位之上，一般仅对建设期负责，对经营期不负责，不负责投资回收和偿还贷款，因此他们考虑一次性投资多，考虑项目全生命周期的经济效益少。采用指挥部管理组织方式主要存在的问题：一是以行政权力和利益方式代替科学管理；二是以非稳定班子和非专业班子进行项目管理；三是缺乏建设期和经营期的连续性和综合性考虑。鉴于上述原因，这种组织方式现已很少采用。

（三）工程托管方式

建设单位将整个工程项目的全部工作，包括可行性研究、建设准备、规划、勘察设计、材料供应、设备采购、施工、监理及工程验收等全部任务都委托给工程项目管理专业公司去管理或实施。由该公司派出项目经理，进行设计及施工的招标或直接组织有关专业公司共同完成整个建设项目。

（四）三角式管理组织方式

由建设单位分别与承包单位和咨询公司签订合同，由咨询公司代表建设单位对承包单位进行管理，这是国际上通行的传统项目管理组织。

四、建筑单位施工项目经理部

（一）项目经理部的作用

项目经理部是由项目经理在法定代表人授权和职能部门的支持下组建的、在现场进行项目管理的一次性组织机构。项目经理部是项目经理的工作部门，直接受项目经理的领导，同时又受企业职能部门的业务指导和管理。

项目经理部是一个组织团体，其作用包括以下内容：

（1）完成企业所赋予的基本任务，即项目管理和专业技术管理任务等。

（2）集中管理人员的力量，充分调动其积极性。

（3）促进管理人员的合作，树立为事业奉献的精神。

（4）协调部门之间、管理人员之间的关系，发挥每个人的作用，共同处理好日常的项目建设工作。

（5）影响和改变管理人员个体化的观念和行为，使个人的思想、行为变为项目组织的积极因素。

（6）便于贯彻各项责任制度，促进部门之间的沟通，加强作业层之间、公司之间及各组织之间的信息联系与管理。

（二）项目经理部的设立

建立项目经理部应遵循以下基本原则。

（1）要根据所设计的建筑工程项目管理组织形式设置项目经理部。项目管理组织形式与企业对项目经理部的授权有关。不同的组织形式对项目经理部的管理力量和管理职责提出了不同的要求，同时也提供了不同的管理环境。

（2）要根据项目的规模、复杂程度和专业特点设置项目经理部。例如，大型项目经理部可以设置职能部、处，中型项目经理部可以设置职能处、科；小型项目经理部一般只需设置职能人员。如果项目的专业性强，可设置专业性强的职能部门，如水电和安装处等。

（3）项目经理部是一个一次性管理组织，应随工程任务的变化而进行必要的调整，不应搞成一个固定的组织。项目经理部在项目开工前建立，工程交工后，项目管理任务完成，项目经理部自动解体。项目经理部不应有固定的作业队伍，而应根据项目的需要从人才市场进行招聘，通过培训和优化组合后可上岗作业，实行作业队伍的动态管理。

（4）项目经理部的人员配备应面向现场，满足现场的计划与调度、技术与质量、成本与核算、劳务与物资、安全与文明作业的需要，不应设置与项目作业关系较少的非生产性管理部门，以达到项目经理部的高效与精简。

（5）项目经理部应建立有益于组织运转的各项工作制度。

（三）项目经理部的规章制度

项目经理部的规章制度应包括下列各项。

（1）项目管理人员岗位责任制度。

（2）项目技术管理制度。

（3）项目质量管理制度。

（4）项目安全管理制度。

（5）项目计划、统计与进度管理制度。

（6）项目成本核算制度。

（7）项目的材料采购制度。

（8）项目材料、机械设备管理制度。

（9）项目现场管理制度。

（10）项目分配与奖励制度。

（11）项目例会及施工日志制度。

（12）项目分包及劳务管理制度。

（13）项目组织协调制度。

（14）项目信息管理制度。

项目经理部自行制定的规章制度与企业现行的有关规定不一致时，应报送企业或其授权的职能部门批准。

（四）项目经理部的运行

（1）项目经理应组织项目经理部成员学习和贯彻各项规章制度，检查执行情况和效果，并应根据反馈信息改进管理。

（2）项目经理应根据项目管理人员的岗位责任制度对管理人员的责任目标进行检查、考核和奖惩。

（3）项目经理部应对作业队伍和分包人实行合同管理，并加强控制与协调。

（4）项目经理部解体应具备下列条件：

1）工程已经竣工验收。

2）各种资料已整理完成，并在政府有关部门备案。

3）与各分包单位已经结算完毕。

4）已协助企业管理层与发包人签订了《工程质量保修书》。

5）《项目管理目标责任书》已经履行完成，经企业管理层审计合格。

6）已与企业管理层办理了有关手续。

7）最后清理完毕。

第五节 建筑单位项目监理

一、建筑单位项目监理概述

（一）建筑单位项目监理的概念

建筑工程项目监理是指具有相应资质的社会化、专业化的工程监理单位接受建设单位的委托，根据国家批准的工程项目建设文件与有关工程建设的法律、法规和建设监理合同以及其他工程建设合同，进行其项目管理工作，并代表建设单位对承建单位的建设行为进行监管的专业化服务活动。

建设单位是委托监理的一方，其在工程建设中拥有确定建设工程规模、标准、功能以及选择勘察、设计、施工、监理单位的条件等重大事宜的决定权。工程监理单位是指具有法人资格、取得监理资质的依法从事建设工程监理业务活动的经济组织，在受委托的范围内，对工程建设中的重大事宜拥有建议权。

（二）建筑单位项目监理的特征

1. 建筑单位监理的行为主体

实行监理的建筑工程，由建设单位委托具有相应资质的工程监理单位实施监理。建设工程监理的行为主体是工程监理单位。

2. 建筑单位监理实施的前提

建设单位与其委托的工程监理单位应当签订书面建设工程委托监理合同。工程监理单位应根据委托监理合同和建设单位与承建单位签订的工程建设合同的规定实施监理。

工程监理单位在委托监理的工程中拥有一定的监督管理权限，并开展一系列的监督管理活动，这是建设单位授权的结果。

依据法律、法规，以及有关建设工程合同，承建单位必须接受工程监理单位对其建设行为进行的监督管理。承建单位接受并配合监理就是履行其与建设单位签订的工程建设合同的一种行为。

3. 建筑单位监理的依据

建设工程监理的依据包括工程建设文件，有关工程建设的法律法规、部门规章和标准、规范，以及建设工程委托监理合同和有关的工程建设合同。

4. 建筑单位监理的范围

建筑工程监理的范围可以分为监理的工程范围和监理的建设阶段范围。

（1）工程范围。《建设工程质量管理条例》对实行强制性监理的工程范围做了原则性规定，《建设工程监理范围和规模标准规定》则对实行强制性监理的工程范围做了具体规定。《建设工程质量管理条例》明确规定了必须实行监理的工程有：国家重点建设工程，大中型公用事业工程，成片开发建设的住宅小区工程，利用外国政府或者国际组织贷款、援助资金的工程，国家规定必须实行监理的其他工程。

（2）阶段范围。建筑工程监理可以适用于工程建设投资决策阶段和实施阶段，但目前主要是对建筑工程施工阶段实施监理。

在施工阶段委托监理，其目的是更有效地发挥监理的规划、控制、协调作用，为在计划目标内完成施工建设提供最好的监督和管理。

（三）建筑单位监理的工作性质

1. 服务性

建筑工程监理具有服务性，这是由它的业务性质决定的。建筑工程监理是通过规划、控制与协调，对建筑工程的进度、质量、投资、安全等方面进行管理；其基本目的就是协助建设单位在计划的目标内将建筑工程建成并投入使用。监理单位既不同于承建单位直接进行生产活动，又不同于业主进行直接投资活动，它不需要投入大量资金、材料、设备和劳动力。监理人员只是在工程项目建设过程中利用自己的知识、技能和经验、信息以及必要的试验、检测手段，为建设单位提供高智能的监督管理服务，以满足项目业主对项目管理的要求。监理单位是通过技术服务来获取相应的劳动报酬的。

工程监理单位只能在授权范围内代表建设单位从事管理工作，它不具有工程建设重大问题的决策权。所以，建筑工程监理不能完全取代建设单位的管理权。

2. 科学性

建筑工程监理的科学性是由其工作任务决定的。工程监理单位应当由组织管理能力强、工程建设经验丰富的人员担任领导，应当有由足够数量的注册监理工程师组成的骨干队伍，并有健全的管理制度和现代化管理手段，应当积累了足够的技术、经济资料和数据。监理工程师应当具备丰富的管理经验和应变能力，应当掌握先进的管理理论、方法和手段；监理人员要有科学的工作态度和严谨的工作作风，要实事求是、创造性地开展工作。

由于建筑工程项目具有一次性的特点，在整个施工过程中要求监理人员对工程的进度、质量、投资等进行严格的把关。这就要求监理人员按设计图纸和规范的要求对各个施工环节进行有效控制，用科学来说话。

3. 独立性

《工程建设监理规定》和《建设工程监理规范》明确规定，工程监理单位应按照“公正、独立、自主”的原则开展监理工作。

工程监理单位是依据有关法律、法规、规范、工程建设文件、工程建设技术标准、建设工程委托监理合同、有关的建设工程合同等实施监理的。在实施监理的工程中，与承建单位不得有隶属关系和其他利害关系；实施监理时，必须建立自己的组织，独立地开展工作。

监理单位是直接参与工程项目建设的三方当事人之一，它受建设单位的委托进行项目的监理，与建设单位之间是合同关系；按与建设单位签订的合同要求对承建单位的建设进行监理，与承建单位是监理与被监理的关系。监理单位是建设市场独立的一方，一切按照合同的规定来办事，它具有独立性。

4. 公正性

公正性是监理行业能够长期生存和发展的基本职业道德要求。实施监理时，工程监理单位应当排除各种干扰，客观、公正地对待建设单位和承建单位，以事实为依据，以法律和有关合同为准绳，在维护建设单位的合法权益时，不损害承建单位的合法权益。

在实施监理过程中，监理单位必须按监理和施工合同的要求，公正地开展监理活动。既要保证建设单位完成项目的进度、质量、投资的预期目标，又要为施工单位创造良好的施工环境，及时督促建设单位支付工程进度款及办理合理的索赔事项，为建设单位和承建单位做好公正的第三方。

（四）建筑单位监理的工作任务

从建筑工程监理的基本概念和建筑工程监理的工作性质中，我们不难看出，建筑工程监理单位在委托授权的范围内，代表建设单位对建筑工程项目进行监督和管理，为建设单位提供管理服务。建筑工程监理的基本目的就是协助建设单位在计划目标内将建设工程建成并投入使用。

建设工程监理的主要工作任务是：对建设工程实施进度管理、质量管理、安全管理、环境管理、成本管理、有关合同管理、信息管理、沟通管理、采购管理、资源管理、风险管理和项目结束阶段管理，并对建设工程承建单位的建设行为实施有效监控，确保建设工程的进度、质量、安全、环境、成本处于受控状态，以实现建设工程监理的目的。

二、建筑单位项目管理与工程监理的区别

1988 年我国建立建设工程监理制度之初就明确规定，我国的建设工程监理是专业化、社会化的建设单位项目管理，所依据的基本理论和方法来自建设项目管理学。我国监理工程师培训教材就是以建设项目管理学的理论为指导进行编写的，并尽可能及时地反映建设项目管理学的最新发展。因此，我国的建设工程监理无论在管理理论和方法上，还是在业务内容和工作程序上，与建设工程项目管理都是相同的。

建筑工程项目管理与工程监理的区别主要表现在以下几个方面。

（一）建筑单位监理的服务对象具有单一性

建筑工程项目管理按服务对象主要可分为为建设单位服务的工程项目管理和为承建单位服务的工程项目管理。我国的建设工程监理制规定，工程监理单位只接受建设单位的委托，即只为建设单位服务，它不能接受承建单位的委托为其提供管理服务。从这个意义上来看，可以认为我国的建设工程监理就是为建设单位服务的工程项目管理。换言之，建筑工程项目既要有由承建单位自行开展的工程项目管理活动，又要接受建设单位委托的监理单位的监督管理。

（二）建筑单位监理属于强制推行的制度

建筑工程项目管理是我国市场经济条件下工程建设的必然要求，是建设各方为了提高自身管理水平、完成预期建设合同目标的需要，其发展过程也是整个建筑市场发展的一个方面，没有来自政府部门的行政指导或干预。而我国建设工程监理制从一开始就是作为对计划经济条件下所形成的建设工程管理体制改革的一项新制度提出来的，是依靠行政手段和法律手段在全国范围内推行的。为此，不仅在各级政府部门中设立了主管建设工程监理有关工作的专门机构，而且制定了有关的法律、法规、规章，明确提出国家

推行建设工程监理制度的各项要求，并具体规定了必须实行建设工程监理的工程范围。其结果是在较短时间内促进了建设工程监理在我国的发展，形成了一批专业化、社会化的工程监理单位和监理工程师队伍，缩小了与发达国家建设工程项目管理的差距。实行建筑工程监理是我国建筑市场与国际接轨的需要。

（三）建筑单位监理具有对第三方的监督功能

我国的工程监理单位有其特殊地位，它与建设单位构成委托与被委托的关系，与承建单位虽然无任何合同和经济关系，但根据建设单位授权，与承建单位是监理与被监理的关系，有权对其建设行为进行监督，或者预先防范和实施管理，发现问题可及时令其修改和纠正，或者向有关部门反映，做出处理。不仅如此，在我国的建设工程监理中还强调对承建单位施工过程和施工工序的监督、检查和验收，而且在实践中又进一步提出了旁站监理的规定。

（四）建筑工程监理实行注册监理工程师制度

建筑工程监理企业实行注册监理工程师制度，根据监理资质的不同，监理单位需要有不同数量的注册监理工程师。每个项目均要有一个总监理工程师对项目进行现场监管，总监理工程师必须是国家注册监理工程师，对整个工程项目承担监理技术责任。注册监理工程师每年由国家组织考试一次，报考人员必须具有从事建设工作一定的年限并具有中级以上的专业技术职称。

三、建筑单位项目的监理规划

（一）项目监理规划的概念

项目监理规划是以被监理的建筑工程项目为对象进行编制的，是用来指导项目监理组织全面开展各项监理工作的技术、经济、组织和管理的纲领性文件。它是根据项目监理委托合同规定范围和业主的具体监理要求，由项目监理总工程师主持编制的。

按照项目监理委托合同订立和实施过程的不同，它可分为项目监理大纲、项目监理规划和项目监理实施细则三种。项目监理大纲和监理实施细则是与监理规划相互关联的两个重要监理文件，它们与监理规划一起共同构成监理规划系列性文件。

监理规划有以下作用。

（1）监理规划指导项目监理组织全面开展监理工作。建筑工程项目的监理是一个复杂的、系统的工作，必须在全面开展监理工作之前就制定好各项工作规划，对如何建立组织、配备监理人员，如何进行有效的领导、实施目标控制做出具体的安排。合理制定好监理规划，才能圆满地完成建设监理的任务，实现监理的总目标。因此，项目的监理规划须对项目的各项监理工作做出全面、系统的组织和安排，它包括确定监理总目标，建立项目的监理组织，制定项目的进度管理、质量管理、安全管理、成本管理、合同管理、信息管理和沟通管理等各项具体工作，并确定采用的方法和有关措施。监理规划是监理人员工作的依据。

（2）监理规划是监理主管部门对监理单位实施监督管理的重要依据。监理单位均要接受建设行政主管部门的监督和管理，目前主要的主管部门是建委（或行业协会）、质检站和安检站等。除了对监理单位进行一般性的年度资质审查外，还要对监理单位参加的每个监理工程进行检查，并现场打分。而监理规划是监理工作的一个非常重要的评价依据，它不仅能考核监理单位是否履行了监理规划的承诺，是否派出了相应的监理人员，而且是衡量监理单位技术素质和管理水平的重要依据之一。

（3）监理规划是业主确认监理单位是否全面履行工程建设监理合同的主要依据。监理单位开展监理工作必须严格按合同的规定和要求来进行，由于合同的条款不可能对各项工作内容和要求描述得很具体，故监理规划也可被视作监理单位履行合同的补充文件，它也是监理单位对业主完成项目监理的一个承诺。因此，业主对监理单位的评价应综合考虑其完成合同的情况及履行监理规划的情况，在实施项目的监理过程中，业主可以按监理规划的要求对监理人员进行监督。

（4）监理规划系列文件是监理单位重要的存档资料。监理规划系列文件是监理单位重要的存档资料，它不仅要在本单位存档，也要作为工程验收的重要资料，上交行政建设主管部门存档。

（二）项目监理规划的编制

1. 监理大纲

监理大纲也称监理方案，它是监理单位在招投标过程中或在业主委托监理的过程中为了承揽监理业务而编制的监理方案性文件。监理大纲的主要作用有两个：一是向业主显示本项目监理的目标、管理组织和技术方案，使业主认可监理单位，从而承揽到监理业务；二是为今后开展监理工作制定方案，这是监理规划编制的主要依据之一。监理大纲也是监理单位在项目中标之前向业主做出的承诺，在中标后的监理过程中必须遵守。其内容应当根据监理招标文件的要求制定，通常包括的内容有：监理单位拟任用的总监理工程师和派往项目上的主要监理及管理人员，并对他们的资质情况和工程经历进行介绍；监理单位应根据业主所提供的和自己初步掌握的工程信息制定准备采用的监理方案（监理组织方案、各目标控制方案、合同管理方案、组织协调方案等）；明确说明将提供给业主的、反映监理阶段性成果的文件。项目监理大纲是监理单位开展监理活动前期工作的重要文件，由项目总监理工程师主持编制。

2. 监理规划

监理规划是监理单位获得了项目的监理业务并与业主签订了工程建设监理合同之后，根据监理合同的约定，在监理大纲的基础上，结合项目的具体情况及业主的其他书面要求，广泛收集工程信息和资料的情况下制定的。监理规划是指导整个项目监理组织开展监理工作的技术和组织管理文件，由项目总监理工程师主持编制。

监理大纲和监理规划从内容和范围上来讲都是围绕整个项目监理组织所开展的监理工作来编写的，但监理规划的内容要比监理大纲更详细全面。监理大纲编写时工程设计文件可能尚未完成，监理单位只能根据业主招标书的要求来编制；监理规划则是在收到工程项目的设计文件后，根据项目的实际情况进行编制的，它更符合工程的实际监理。

监理规划编制的程序与依据应符合下列规定。

（1）监理规划应在签订委托监理合同及收到设计文件后开始编制，完成后必须经监理单位技术负责人审核批准，并应在召开第一次工地会议前报送建设单位。

（2）监理规划应由总监理工程师主持、专业监理工程师参加编制。

（3）编制监理规划应依据：①建设工程的相关法律、法规及项目审批文件；②与建设工程项目有关的标准、设计文件、技术资料；③监理大纲、委托监理合同文件以及与建设工程项目相关的合同文件。

监理规划主要应包括以下内容。

（1）工程项目概况。

（2）监理工作范围。

（3）监理工作内容。

（4）监理工作目标。

（5）监理工作依据。

（6）项目监理机构的组织形式。

（7）项目监理机构的人员配备计划。

（8）项目监理机构的人员岗位职责。

（9）监理工作程序。

（10）监理工作方法及措施。

（11）监理工作制度。

（12）监理设施。

在监理工作实施过程中，如实际情况或条件发生重大变化而需要调整监理规划时，应由总监理工程师组织专业监理工程师研究修改，经总监理工程师批准后报上建设单位。

监理实施细则又称项目监理细则。监理实施细则是在项目监理规划的基础上，由项目监理组织的各有关部门，根据监理规划的要求，在专业监理工程师的主持下，针对所分担的具体监理任务和工作，结合项目的具体情况和掌握的工程信息制定的具体指导各专业监理业务实施的文件。如果把工程建设监理看作一项系统工程，那么项目监理规划系列文件就是一套完整的监理设计图纸，监理大纲是方案设计，监理规划是施工图设计，而监理实施细则则是施工图设计中的节点大样。

监理实施细则是在监理规划完成后才开始编写的。其内容具有局部性，一般按专业来划分，是围绕自己部门的主要工作来编写的。它的作用是指导各专业具体监理业务的开展。

对中型及以上或专业性较强的工程项目，项目监理机构应编制监理实施细则。监理实施细则应符合监理规划的要求，并应结合工程项目的专业特点，做到详细具体、具有可操作性。

监理实施细则的编制程序与依据应符合下列规定。

（1）监理实施细则应在相应工程施工开始前编制完成，而且必须经总监理工程师批准。

（2）监理实施细则应由专业监理工程师编制。

（3）编制监理实施细则的依据：①已批准的监理规划。②与专业工程相关的标准、设计文件和技术资料。③施工组织设计。

监理实施细则主要应包括下列内容。

（1）专业工程的特点。

（2）监理工作的流程。

（3）监理工作的控制要点及目标值。

（4）监理工作的方法及措施。

在监理工作实施过程中，监理实施细则应根据实际情况进行补充、修改和完善。

四、建筑单位监理相关的法律法规简介

（一）建筑单位监理相关的法律、法规以及部门规章

（1）法律。《中华人民共和国建筑法》（以下简称《建筑法》）。

（2）行政法规。《建设工程质量管理条例》（以下简称《条例》）。

（3）部门规章。①《建设工程监理规范》。②《房屋建筑工程施工旁站监理管理办法（试行）》。

（二）《建筑法》中有关建设工程监理的规定

《建筑法》中专门针对“建筑工程监理”做出了相关规定，其具体内容如下。

（1）国家推行建筑工程监理制度。国务院可以规定实行强制监理的建筑工程的范围。

（2）实行监理的建筑工程，由建设单位委托具有相应资质的工程监理单位监理。建设单位与其委托的工程监理单位应当订立书面委托监理合同。

（3）建筑工程监理应当依据法律、行政法规及有关的技术标准、设计文件和建筑工程承包合同，对承包单位在施工质量、建设工期和建设资金使用等方面，代表建设单位实施监督。工程监理人员认为工程施工不符合工程设计要求、施工技术标准和合同约定的，有权要求建筑施工企业改正。工程监理人员发现工程设计不符合建筑工程质量标准或者合同约定的质量要求的，应当报告建设单位要求设计单位改正。

（4）实施建筑工程监理前，建设单位应当将委托的工程监理单位、监理的内容及监理权限，书面通知被监理的建筑施工企业。

（5）工程监理单位应当在其资质等级许可的监理范围内，承担工程监理业务。工程监理单位应当根据建设单位的委托，客观、公正地执行监理任务。工程监理单位与被监理工程的承包单位以及建筑材料、建筑构配件和设备供应单位不得有隶属关系或者其他利益关系。工程监理单位不得转让工程监理业务。

（6）工程监理单位不按照委托监理合同的约定履行监理义务，对应当监督检查的项目不检查或者不按照规定检查，给建设单位造成损失的，应当承担相应的赔偿责任。工程监理单位与承包单位串通，为承包单位谋取非法利益，给建设单位造成损失的，应当与承包单位承担连带赔偿责任。

（三）《条例》中有关建设工程监理的规定

1. 工程监理单位具有质量责任和义务

（1）工程监理单位应当依法取得相应等级的资质证书，并在其资质等级许可的范围

内承担工程监理业务。

（2）禁止工程监理单位超越本单位资质等级许可的范围或者以其他工程监理单位的名义承担工程监理业务。禁止工程监理单位允许其他单位或者个人以本单位的名义承担工程监理业务。

2. 工程监理单位不得转让工程监理业务

（1）工程监理单位与被监理工程的施工承包单位以及建筑材料、建筑构配件和设备供应单位有隶属关系或者其他利害关系的，不得承担该项建设工程的监理业务。

（2）工程监理单位应当依照法律、法规以及有关技术标准、设计文件和建设工程承包合同，代表建设单位对施工质量实施监理，并对施工质量承担监理责任。

（3）工程监理单位应当选派具备相应资格的总监理工程师和（专业）监理工程师进驻施工现场。

未经监理工程师签字，建筑材料、建筑构配件和设备不得在工程上使用或安装，施工单位不得进行下一道工序的施工。未经总监理工程师签字，建设单位不拨付工程款，不进行竣工验收。

（4）监理工程师应当按照工程监理规范的要求，采用旁站、巡视和平行检验等形式，对建设工程实施监理。

3. 工程监理单位违反条例的处罚规定

（1）工程监理单位超越本单位资质等级承担监理业务的，责令停止违法行为，对工程监理单位处合同约定的监理酬金 1 倍以上 2 倍以下的罚款。

（2）工程监理单位允许其他单位或者个人以本单位名义承揽工程的，责令改正，没收违法所得，对工程监理单位处合同约定的监理酬金 1 倍以上 2 倍以下的罚款。

（3）工程监理单位转让工程监理业务的，责令改正，没收违法所得，对工程监理单位处合同约定的监理酬金 25% ~ 50% 的罚款；可以责令停业整顿，降低资质等级；情节严重的，吊销资质证书。

（4）工程监理单位与建设单位或施工单位串通，弄虚作假、降低工程质量的，或者将不合格的建设工程、建筑材料、建筑构配件和设备按照合格签字的，责令改正，处 50 万元以上 100 万元以下的罚款，降低资质等级或者吊销资质证书；有违法所得的，予以没收；造成损失的，承担连带责任。

（5）工程监理单位与被监理工程的施工承包单位以及建筑材料、建筑构配件和设备供应单位有隶属关系或者其他利害关系承担该项建设工程的监理业务的，责令改正，处 5 万元以上 10 万元以下的罚款，降低资质等级或者吊销资质证书；有违法所得的，予以没收。

（6）监理工程师（注册执业人员）因过错造成质量事故的，责令停止执业 1 年；造成重大质量事故的，吊销执业资格证书，5 年以内不予注册；情节特别恶劣的，终身不予注册。

（7）工程监理单位违反国家规定，降低工程质量标准，造成重大安全事故，构成犯罪的，对直接责任人员依法追究刑事责任。

（8）工程监理单位的工作人员因调动工作、退休等原因离开单位后，被发现在该单位工作期间违反国家有关建设工程质量管理规定造成重大工程质量事故的，仍应依法追究法律责任。

（四）《建设工程监理规范》简介

目前实行的《建设工程监理规范》（GB 50319—2000）对建设工程监理工作在技术管理、经济管理、合同管理、组织管理和工作协调等方面的内容、方式、范围和深度均做出了具体的规定。由于目前监理工作在建设工程投资决策阶段和设计阶段尚未形成系统、成熟的经验，需要通过实践进一步研究探索，故该规范暂未涉及工程项目前期可行性研究和设计阶段的监理工作。

本规范主要介绍了以下几个方面的内容。

1. 项目监理机构及其设施

（1）项目监理机构。

（2）监理人员的职责。

（3）监理设施。

2. 监理规划及监理实施细则

（1）监理规划。

（2）监理实施细则。

3. 施工阶段的监理工作

（1）制定监理工作程序的一般规定。

（2）施工准备阶段的监理工作。

（3）工地例会。

（4）工程质量控制工作。

（5）工程造价控制工作。

（6）工程进度控制工作。

（7）竣工验收。

（8）工程质量保修期的监理工作。

4. 施工合同管理的其他工作

（1）工程暂停与复工。

（2）工程变更的管理。

（3）费用索赔的处理。

（4）工程延期及工程延误的处理。

（5）合同争议的调解。

（6）合同的解除。

5. 施工阶段监理资料的管理

（1）监理资料。

（2）监理月报。

（3）监理工作总结。

（4）监理资料的管理。

6. 设备采购监理与设备监造

（1）设备采购监理。

（2）设备制造。

（3）设备采购监理与设备制造的监理资料。

（五）《房屋建筑工程施工旁站监理管理办法》的有关规定

为了提高建设工程质量，建设部于 2002 年 7 月 17 日颁布了《房屋建筑工程施工旁站监理管理办法（试行）》。该规范性文件要求建设工程监理单位在工程施工阶段实行旁站监理，并明确了旁站监理的工作流程、内容以及旁站监理人员的职责。

1. 旁站监理的概念

旁站监理是指监理人员在工程施工阶段，对建设工程的关键部位、关键工序的施工质量实施全过程现场跟班的监督管理活动。旁站监理是控制工程施工质量的重要手段之一。旁站监理产生的记录则是确认建设工程相关部位工程质量的重要依据。

在实施旁站监理工作中，建设工程的关键部位、关键工序，必须结合具体的专业工程来予以确定。如房屋建筑工程的关键部位、关键工序包括两类内容。一是基础工程类：土方回填，桩基工程，地下连续墙、土钉墙、地下室后浇带及防水混凝土浇筑。二是主体结构工程类：梁柱节点及端部钢筋绑扎，混凝土浇筑，预应力张拉，装配式结构安装，钢结构安装，网架结构安装，索膜安装。至于其他部位或工序是否需要旁站监理，可由建设单位与监理单位根据工程具体情况协商确定。

2. 旁站监理的程序

旁站监理一般按下列程序实施。

（1）监理单位制定旁站监理方案，明确旁站监理的范围、内容、程序和旁站监理人员的职责，并编入监理规划中。将旁站监理方案同时送建设单位、施工企业和工程所在地的建设行政主管部门或其委托的工程质量监督机构各一份。

（2）施工企业根据监理单位制定的旁站监理方案，在需要实施旁站监理的关键部位、关键工序进行施工前 24 小时，书面通知监理单位派驻工地的项目监理机构。

（3）项目监理机构安排旁站监理人员按照旁站监理方案实施旁站监理。

3. 旁站监理人员的工作内容和职责

（1）检查施工企业现场质检人员到岗、特殊工种人员持证上岗以及施工机械、建筑材料准备情况。

（2）在现场跟班监督关键部位、关键工序的施工方案执行情况以及工程建设强制性标准的执行情况。

（3）核查进场建筑材料、建筑构配件、设备和商品混凝土的质量检验报告等，并可在现场监督施工企业进行检验或者委托具有资格的第三方进行复验。

（4）做好旁站监理记录和监理日记，保存旁站监理原始资料。

如果旁站监理人员或施工企业现场质检人员未在旁站监理记录上签字，则施工企业不能进行下一道工序的施工，监理工程师或者总监理工程师也不得在相应文件上签字。

旁站监理人员在旁站监理时，如果发现施工企业有违反工程建设强制性标准行为的，有权制止并责令施工企业立即整改；如果发现施工企业的施工活动已经或者可能危及工程质量的，应当及时向监理工程师或者总监理工程师报告，由总监理工程师下达局部暂停施工指令或者采取其他应急措施，制止危害工程质量的行为发生。

第三章 建筑工程项目进度管理

第一节 项目进度在建筑工程管理中的重要性

在城市化进程不断加快，人们生活水平不断提高的同时，对建筑行业的关注程度也逐渐升高。特别是在建筑市场如此兴盛的今天，建筑单位不仅要在规定工期内完成对工程的整体施工，同时还要保证建筑的施工质量，根据实际施工情况控制整体施工进度，保证了施工进度的科学性，在降低工程成本的同时，还在一定程度上提高了施工质量。本节从项目进度的管理着手，探讨项目进度在建筑工程管理中的重要性。

随着经济的迅速发展，我国的基础设施建设种类也在随之增多，建筑行业的发展因此而变得飞快，成为现代社会发展中必不可少的重要发展环节。在建设施工过程中，项目进度管理成为建筑工程管理的重要环节之一，关系整个建筑工程的质量问题。施工单位若想提高自身的竞争能力，就要完善自身的监督与管理，提高自身水平，而项目进度的管理不仅提高了施工单位整体的管理水平，还在一定能程度上提高了建筑工程质量。因此，项目进度管理在建筑工程的管理中是十分有必要的。

一、项目进度管理重要性剖析

（一）合理安排工期

在建筑工程施工开始前，施工单位按照各施工环节的工程量大小和施工难易程度进行具体施工时间的安排。因为建筑施工的特殊性，大部分工程处于室外，由于受气候环境和天气等外部因素影响，建筑工程可能无法按照计划建设工期如约完成。因此，这就需要施工负责人对这些意外情况的发生做好预案，制订完整的施工计划，避免因为这些突发情况给建筑单位造成不必要的损失。

（二）控制施工成本

建筑工程项目中包括人力资源在内的设备资源以及资金资源等各种资源的整合。若工程施工方想加快建筑工程的建设，不仅要加大投资成本的投入，同时也无法保证工程质量合格，若工程质量不达标，重复的返工则会造成资源的浪费，造成恶性循环。施工成本的增加很容易引起项目进度管理的失控，从而导致施工单位遭受更严重的经济损失。在施工过程中，控制施工成本的投入，加强对资金的管控是十分重要的。

（三）保证工程质量

在施工工作开展前，施工单位要对施工材料进行严格的把控，检查施工材料的品牌及质量，核对建筑材料的型号及数量，这些都是项目进度中所必需的环节。在我国的一些相关法律文件中，对项目工程的整体质量，及其安全性、美观性和实用性，提出了具体的要求和操作规范，施工单位应按照标准进行工程建设的开展。对建筑材料进行严格把控，掌握材料的质量及其安全性能，有助于对整体工程的安全进行保障，因此，在施工过程中，掌握施工项目整体进度，合理利用建设资源，制定科学可行的施工计划，有助于施工工作的顺利进行。

二、影响建筑工程项目进度的因素

（一）人为因素

在建筑施工过程中，人为因素的影响对整个建筑工程进度起着决定性作用。因此在建筑施工工程中，要做好施工进度的整体计划，组织协调好各部门之间的合作与调配，由于这些计划的制定和部门之间的协调都是人为进行的，因此人为因素在施工项目进度中的影响较大。

同时，在建筑施工过程中，施工图纸的准确与施工设计的合理都是由专业人员负责的，这些人为因素一旦出现差错，将会直接影响施工项目的整体进度。同样施工分包企业也是影响项目进度的重要因素之一，其是否履行合同要求、施工过程中是否存在失误等问题，都会对项目进度造成直接影响。除上述人为因素外，质监部门在审批过程中涉及人的行为活动，由于其时间的滞缓，也成了项目进度的影响因素之一。

（二）物资供应不足

由于项目施工时间的紧张，人力资源的配置不够科学合理，导致一些建筑施工材料无法跟得上施工进度的开展，一些项目周转时间过长、供应材料短缺，都会影响施工项目的工程进度。

（三）施工技术有限

施工单位的施工技术高低将直接影响施工项目的工期进度。从施工人员的专业技术，到整体建筑的施工工艺，都是施工项目进度的影响因素，工艺技术的高低、统筹兼顾全局的问题解决能力等，都可能对项目进度造成极大影响。

三、项目进度在建筑工程管理中的具体措施

（一）制定科学可行的施工计划

建筑工程管理中涉及的内容和种类较为烦琐复杂，制订施工计划前要对施工过程中的各方面因素进行综合考量。在制订施工计划前期，要对施工材料的质量进行严格的把控，对施工材料的标准进行反复的核验，认真筛选其品类，并对整体施工材料数量进行最终确认。

在施工开始前，联系好施工材料的供应商，保证施工过程中施工材料的充足供应。同时，要对各项施工设备进行逐个比对，检验其合格证，严查施工设施的质量安全，这不仅是对参建人员人身安全的负责，同时也避免了由于设备停工而造成工期延误的现象。上述这些问题，都需要进行统一的规划制定，否则一旦工程开始施工，各项准备工作如果不充分，就会造成施工现场的混乱，这些遗漏的问题就成为影响施工进度的问题来源。

（二）确保施工材料的供应

在建设施工过程进度的控制过程中，施工开始前，应将施工各环节中所需的建筑材料及备件准备充分。根据施工进度的计划，施工单位应提前制订科学的采买计划，准备好各个施工环节和工序所需要的设备及零件清单，并在采购过程中，注意对每一项所采购的材料进行相关资格和测量数据的核对，确保每一个施工环节所采用的建筑材料都安全可靠，从而保证整体建筑施工质量，进一步确保项目工程的施工进度。

在建筑施工过程中，塔式起重机是所有建筑设备中最重要的核心设备，也是决定整个建筑施工进度的决定性设备，因此，塔式起重机的质量安全监测工作尤为重要。其现场安装工作必须由专业工作人员进行，确保各类施工设备都到达法律规范中的合格标准，只有对施工材料的数量和施工设备的安全做到双重质检，才能避免施工中出现不必要的麻烦，保证建筑项目施工的顺利进行。

（三）做好建筑施工的进度管理

首先，建筑单位要结合企业自身发展的实际情况，参考国家预算方式的配额标准，作为建筑成本预算的科学依据，以建筑企业的成本作为项目进度管理准则和最终评估依据。在建筑材料采买前要对建筑材料市场进行相关调研，进行多厂商之间的性价比比较，增加企业的经济效益。

其次，安全第一永远不仅仅是挂在口头上的口号，安全问题直接关乎参建人员的人身及财产安全，施工单位应对参建人员进行不定期的安全培训增强参建人员的风险意识，要求其必须严格遵照国家规定的生产条例进行安全建设，时刻坚持以人为本的生产理念，并对施工现场的安全问题加以监督和管理。

最后，要注重建筑施工水平的提高，施工质量的好坏直接关系建筑企业的名誉及未来发展，因此，在保证施工项目进度的基础上，提高施工质量，对企业的经营和发展都有着十分重要的意义。

在建筑工程的项目进度管理中，工期延后是建筑市场上普遍存在的问题之一，因此，对项目进度的管理就显得尤为重要。若想确保建筑施工质量，保证各个环节的建筑施工任务顺利完成，就要把施工项目的进度控制好。因此，应不断加强企业对项目进度的管理意识，制订科学可行的项目施工计划，总结自身问题，在发展中不断进步，提升企业的综合管理水平。综上所述，建筑工程若想保质保量，就要实施项目进度管理上的不断创新，促进建筑行业的健康稳定发展。

第二节　建筑工程项目进度管理中的常见问题

施工进度管理是建筑项目管理的重点，与施工工程成本、质量成本等其他项目有机结合，形成一个总的反映工程实施项目进程的重要指标，因此科学管理建筑工程的项目施工进度，不仅仅是普通的施工周期控制，更是一项涉及面极其广泛、影响因素极其复杂的一系列的施工进度管理行为，从而间接或直接影响施工公司的工程质量和其他工程指标。如何有效地、科学地控制施工进度，是目前大多数工程施工公司所要研究的一个重要课题。工程项目的施工进度控制是五大工程控制的重要内容之一，建筑项目的最终完成是在施工阶段，因此，在施工阶段进行比较严格的进度控制就显得十分重要。

一、工程项目进度与施工工期的可控性

建筑工程中施工项目进度的可控性，是保证施工项目能按期完成的重要因素，合理可控地安排施工资源供应，是节约工程成本及其他相应成本的重要措施。当然，这也不是说工期越短越好，盲目地、不合理地缩短工期，会使施工工程的直接费用相应增加，进而增加总投资，甚至会影响相关的成本、质量安全等方面。而且，有些施工条款中明确规定：在未经过业主同意的情况下，因施工方工期缩短所引起的一切费用增加项目，

业主有权利不负担。因此，工程施工方必须做出全面合理的考虑，同业主和工程监理方一起共同实施合理的、科学的进度管理，并进行动态可控制性纠偏。

二、项目进度的科学性

工程项目的科学性中，先分解工程的工期，其中工期包括：建设期、合同期、关键期和验收期。建设工期中的科学性是指建设项目或单项工程从立项开工到全部建成投产及验收，或交付使用时所经历的科学的、规范的过程。建设工期的科学规范方面是从签订合同起、到中间施工以及分阶段分年度科学地安排与检查工程建设进度的重要计划。而合同工期的科学性是指从承包商接到开工通知令的时间算起，直至完成合同中规定的施工工程项目、区间工程或部分工程，并通过竣工验收期间的合理规划。关键工期的科学性是指在区间进度计划的实施中，为了实现其中一些关键性进度目标所用的时间，在此进度计划当中，关键工期的合理规划即为关键线路的合理施工打下坚实基础。所以说有一个科学的、合理的项目进度，可以主次分明，清晰地做出总体项目进度，从而更好地为项目进度的管理服务。

三、建筑工程项目管理的进度

管理进度一般是指一段工程项目实施区间，此段施工结果的进度，在每一小段工程项目施工的过程中要消耗人员、费用、材料等才能完成项目的任务。当然每一段项目的实施结果都应该以此段项目的实际完成情况为目标，如用工程中可量化的进度来表达。但是因实际操作中项目对象系统（技术系统）的不可控因素影响，常常很难做出一个合适的，标准的量化指标来反映施工工程的区间进度。比如有时时间和人员与计划都按计划执行，但实际工程进度（工作量）却未能达到预期目标，则后期就必须增加更多的人员和时间来补足。建筑工程的施工进度大多分为：预期进度、施工进度、总体进度。预期进度是指该工程项目，按照既定文件所规定的施工工程指标、时间及完成目标等，经预期编制形成的计划进度。且计划进度须经施工监理的工程师批准以后，才能形成相应的进度计划。而当前施工进度指工程建设按原进度计划执行，而后在某一时间段内的实际施工进度，也称实际状态进度。总体进度常用所完成的总工作量、所消耗的总资金、总时间等指标来表示总进度的实际完成情况。工程项目总进度计划是以全体工程或大型工程的实际建设进度作为编制计划的标的对象，详细来说包括工程设备采购进程、总体设计工作进度、各项工程与实际工程施工进度及验收前各项准备工程进度等内容。单项工程进度计划通常是以组成整体建设项目中某一独立或区间工程项目的建设进度作为该编制计划的对象，如企事业单位工程、企业工厂工程等。在现代工程项目管理的定义中，人们赋予进度以更加综合的含义，它是将工程项目中各项任务、区间施工工期、建设成本等有机地结合起来，形成一个统一的综合性指标，从而全面地反映项目的实际实施情况或各项指标。现代进度控制已不仅仅是传统意义上的工期控制，而是将施工工期与工程实物、实际成本、劳动力等资源全面地统一起来。

四、建筑工程项目进度管理的复杂性

首先工程项目的管理是一个很复杂的流程，按照主体的分类，我们可以分为业主的项目管理及施工单位项目管理等，但是不管是谁的项目管理，都绕不开四控三管一协调。这是项目管理的核心内容，这七个方面其实没有说谁重要谁不重要，但是具体到某个主体单位，就会有侧重了。

建筑工程项目中的管理人员，尤其作为（建筑）工程类的项目经理，必须要有扎实的知识基础，此知识结构应该由三大系统组成：建筑类的知识；工程类的知识，主要是技术类的知识;作为项目管理人员，需要知道相关的管理规范和管理做法。作为施工人员，需要知道具体的施工做法和工艺，管理类的知识，如何协调、组织和管理整个项目的实施。

建筑类的知识是基础。针对项目的产出物：产品。只有你知道你需要提供什么样的产品，你才能组织去实施，去管理。

工程类的知识是核心。工程前期，产品是需要人员实实在在做好规划的。这个过程集中了项目相对较多的资源和关注度。但对于项目经理，需要了解程序，是需要知道怎样去做，操作的具体程序以及如何制订计划，更好地促成整体项目进度的管理。

管理类的知识是保证。项目的实施是一个庞大的复杂系统。需要处理各种各样的情况和问题。靠的就是管理的保证。对于项目，这是不断提升的技能。

安全是最重要的，而且在各行各业都是最重要的，但是到了工程上，尤其会影响整体施工的进度，从开工，我们就讲安全文明施工，三级安全教育，安全交底等，但是实际上因为费用的问题，主要是措施费，以及国内对安全生产的不重视（主要是人员素质较低，知识水平不到位，以及国内对工人的保护机制的不完善），这个问题在整个工程过程中现场问题最多、出事最严重程度最大。具体到业主和工程经理，更应重视，尤其要及时核查施工单位采取的措施，但是到实际操作中，因为业主，监理，施工单位职能分工，所以最终业主往往在这个上不会太过于使力，监理方因为种种原因，不太会纠结，大家都控制在一个不发生大的事故的单位内，保证不会因为安全原因停工（质监站，安监站检查）。主要有以下几个方面控制，安全资料要完善，特别是一些重要要专家论证的必须资料完善才能施工，例如高支摸、滑摸等。其他方面，按照现在国内的情况，作为业主方，要确保监理，施工方的安全人员以及经费投入到位，如果作为施工单位，要招一个经验丰富的安全员（不仅仅是技术方面，还有安全管理；不仅可以管好，更大程度上会促进工程项目的施工进度和质量）。总而言之，建筑工程项目管理进度的复杂性，是人员、费用、安全性等三方面因素共同影响的。只有对这些方面进行严格把控，才能更好地管理施工进度。

五、针对建设项目的进度目标进行施工进度控制

进度计划是根据时间轴来安排项目施工任务的，而时间轴中的计划工期是根据计算工期、合同工期来确定的，所以说合同工期≥计划工期≥计算工期。所以一般工程都是在合同工期内完成的，但是能否在计划工期内完成，这个得根据具体情况分析，一般来说进度计划是动态调整的，意味着很难按进度计划完成计划工作。

影响进度实现的因素无非以下几点，人、机、料、法、环。虽然人的因素是最主要的，但是人的因素是可以通过沟通协调来解决的，坏境和方法的选择对进度影响也是比较大的，比如说没有明确整个工程的关键部位，导致由于关键部位未及时施工而拖延工期，而天气也是，如果接连下雨，进度也会受影响。进度计划可分为投标进度计划，中标入场后的总施工进度计划，中期（阶段）施工进度计划/节点施工进度计划，短期（周/半月）施工进度计划。

在编制投标进度计划的时候，比较粗略，一般可以认为是施工进度计划中连春节这段施工间歇期都不予考虑（就是施工进度计划中，春节也安排了施工），在进场后，排总施工进度计划/年度施工进度计划的时候，起码春节因素是要考虑的，要把春节期间的那段时间空出来，之后再细化，细化到短期（周/半月）施工进度计划的时候，就会切实结合当前的实际情况（施工作业面/人员/机械/图纸是否完善）等因素进行考虑。

第三节　建筑工程项目质量管理与项目进度控制

近年来，我国建筑行业发展迅速，在很大程度上推动了社会经济的发展。而随着建筑工程项目越来越多，工程建设规模越来越大，建筑工程质量与进度问题越来越受到人们的关注和重视。在建筑工程建设过程中，质量与进度之间有着相互影响的关系，想要保证项目质量，就必须做好进度控制工作，想要保证项目进度，就必须做好质量管理工

作。本节就建筑工程项目质量管理与项目进度控制这一问题进行详细分析。

随着城市化进程的不断推进，我国建筑行业的发展也得到了有力的推动。现如今，建筑工程项目越来越多，如何有效地保证建筑工程建设水平和效益是需要重点考虑的问题。在建筑工程建设过程中，施工的质量和进度是尤为关键的部分，质量的高低以及进度的快慢都会直接影响到建筑工程的整体水平和效益。而作为一个运转中的动态系统，建筑工程项目中的质量与进度这两个指标既矛盾又统一，这就需要施工企业做好质量与进度之间的协调管理工作，以此来更好地保证建筑工程项目的顺利开展。

一、质量管理与进度控制的重要意义

在工程建筑中，施工的质量与进度是十分关键的部分，二者之间缺一不可。首先，就建筑工程项目的质量管理而言，其是保证工程施工质量的重要管理措施。建筑工程具有周期长、不确定因素多、资金大、人员多、涉及面广的特点，在施工过程中，很多因素都会对工程质量造成影响，而质量管理就是通过对工程项目采取一系列措施进行监督、组织、协调、控制的一项管理活动，在科学有效的管理下，可以更好地保证工程施工的质量。其次，就建筑工程项目的进度控制而言，其是保证工程项目按照施工计划顺利施工的重要措施。在建筑工程施工过程中，各种人为因素、自然因素、技术因素、设备因素等都会对施工进度造成影响，而如果施工进度拖延，那么就会直接影响建筑工程的整体施工效益。而通过对建筑工程项目进行进度控制，就可以有效地保证工程施工进度的合理性和科学性，进而保证施工企业的经济效益。由此可见，在建筑工程建设过程中，做好质量管理与进度控制工作尤为重要和必要，质量管理和进度控制是保证工程整体质量和效益的重要措施。

二、建筑工程项目质量管理措施

（一）建立完善健全的质量管理制度

建筑工程项目质量管理是一项贯穿于整个建筑施工过程中的活动，其具有周期长、涉及面广、系统复杂的特点，因此，想要更好地保证质量管理效率和水平，就必须针对质量管理工作的要求和需求，制定完善健全的质量管理制度。利用制度来指导质量管理工作的顺利开展，同时利用制度也可以约束质量管理行为，进而确保质量管理的整体水平。对此，施工企业可以建立一个专门的监督管理部门，由监督管理部门负责工程施工的质量管理工作。针对监督管理部门，施工企业应该明确其管理责任、管理义务、管理目标、管理要求等，制定详细的规章条例，保证监督管理部门按照规范要求开展管理工作。对于相应的管理人员，施工企业也可以实行个人责任制制度，所谓个人责任制，就是将管理责任落实到个人身上，这样一旦发生管理问题，便于在短时间内找到问题的原因，并追究个人责任，对管理人员可以起到良好的约束和控制作用。

（二）材料设备质量管理

在建筑工程施工过程中，材料与设备是尤为重要的组成部分，材料与设备的质量高低直接关系到工程施工质量的高低。因此，为了更好地保证施工质量，就必须注重对施工材料与设备的质量管理。就施工材料而言，管理部门应该加强对施工材料全过程的质量监督与控制，即从材料采购、运输、保管到材料应用全过程严格把控质量。如发现材料存在质量问题或数量不足，必须要第一时间采取措施应对，避免问题材料被应用到施工中。就施工设备而言，施工企业应该做好施工设备的管理与维护工作，比如要定期对施工设备进行全面排查与养护，保证施工设备的运行质量和效率。如设备出现故障和问题，要禁止使用，并及时进行维修和处理，在保证故障得到解决后，才能够继续应用设备。作为机械设备操作人员，在机械设备应用过程中，应该保证其操作水平，避免由于操作失误导致设备故障的发生。

（三）提高施工人员综合素质

在建筑工程施工过程中，施工人员是施工的主体，施工人员的技术水平及职业素养与施工质量有着很大的关系，因此，为了更好地保证施工质量，施工企业还需要做好施工人员的管理工作。比如在建筑工程质量管理过程中，施工企业要注重提高施工人员的综合素质，加强对管理人员、技术人员、施工人员的培训教育工作，以此来提高他们的专业知识、专业技能、个人素养等。这样一来可以使得施工人员更加努力地投入到施工工作中，进而更好地保证施工质量。另外，施工企业还需要加强对施工人员的管理、组织、协调等工作，以此来实现人力资源的优化配置及利用。

三、建筑工程项目进度控制措施

（一）制定相关工程项目目标

在建筑工程项目施工过程中，工程目标的制定尤为关键，无论是大工程还是小工程，有了工程目标，才能够有项目建设的方向，同时工程目标也是衡量工程监督的首要标准。因此，为了更好地对建筑工程进度进行控制，在工程建设前，施工企业就必须结合施工的实际情况制定相关的工程项目目标。目标的制订需要结合工程需求、工程要求、自然因素、人为因素等综合确定，保证工程目标的合理性和科学性，进而才能够根据工程目标对施工进度进行正确的衡量。

（二）制定工程施工工序

在工程目标制订完成后，施工企业需要按照所制订的目标进一步安排施工工序，在施工工序安排过程中，施工企业需要考虑到各种影响施工进度的因素，如天气因素、人为因素、不确定因素等，在综合考虑下确定每一个施工工序的时间、部门、人员等，以此来保证每个施工工序能够在规定的时间内完成施工。通过制定工程施工工序，也能够更加有利于控制进度，进而更好地保证施工进度在合理范围内。

（三）工程施工进度控制

在工程施工过程中，存在诸多不确定因素，这些因素都会对施工进度造成不同程度的影响。因此，为了更好地保证施工进度的科学性和合理性，就必须做好工程施工进度控制工作。比如在施工现场中，每一个施工节点都需要将实际施工监督与施工计划进行对比，如果对比之间偏差较小，那么说明进度在合理范围内，如果偏差较大，那么说明进度出现明显的拖延现象，对此，就需要根据实际施工情况，结合施工计划，对施工进度进行合理的调整，以此来保证施工进度的合理性。比如提升工程建设效率、降低返修率、避免重建现象的发生、做好施工人员的合理配置等，都是控制施工进度的有效措施。

在建筑工程项目建设工程中，质量和进度是尤为关键的两个要素，只有保证了建筑工程的施工质量，并合理控制了建筑工程的施工进度，才能够更好地保证项目整体的建设水平，进而提高施工企业的经济效益。因此，这就需要施工企业在建筑工程施工过程中，既要做好质量管理，又要做好进度控制工作，使得质量与进度二者之间能够协同发展，这对于保证建筑工程项目整体建设水平，以及促进施工企业良好发展都具有重要的意义。

第四节　建筑工程项目管理中施工进度的管理

进度管理在建筑工程中具有至关重要的作用，是建筑施工企业保障施工质量、控制企业成本支出的保障。因此，在建筑施工中加强进度管理尤为重要，并且还需要结合实际，与时俱进，将先进的技术手段融入进度管理中，以此来优化管理效果，促进建筑业更好的发展。

一、进度管理在建筑工程管理中的重要性

在建筑工程管理中，进度管理发挥的重要性主要表现在以下几个方面；

（一）在建筑工程工期中进行科学编制

通常情况下，在启动建筑工程之前，就需要做好基础的准备工作，比如；对建筑工程的规模进行评估，在评估之后制定出合理的实施方案。与此同时，还需要签订一系列具有法律效益的建筑施工合同。这就要求施工单位必须按照合同内的规定完成所有施工项目，包括时间限制与质量标准等细节方面的要求。若施工单位没有达到合同中的要求，就应付相应的赔偿金。由此可以看出，工期在建筑施工单位中具有重要的作用，其更加需要进行科学有效的编排，用来监管和维护施工企业的经济利益。

（二）保障建筑工程的工程质量

质量安全问题是建筑工程的重中之重，国家现行的有关法律法规、技术标准以及设计文件中对工程的安全、适用、经济等特性的要求，是建筑工程的标尺。在建筑工程中合理地应用进度管理，是保障建筑工程质量得以实现的基础。同时需要对建筑的原材料、施工安全等方面进行严格要求，以此来确保建筑工程的质量。有了进度管理对建筑工程的要求，其质量目标方面的实现才能得到有效的保障。

（三）合理控制建筑工程成本

如今的建筑市场竞争环境日趋激烈，获取科学、合理的经济利益是建筑工程企业在竞争中的源动力。只有合理地控制施工成本，才能使得企业得到科学、合理的开支。包括合理的确保人力、材料、物品方面等耗费的费用。而当前的一些施工企业只注重工程的完成速度，不计增加成本的投入，以此来确保完成工程，这样的方式也会将施工的总成本大幅度的增加。面对这种情况，进度管理在建筑工程管理中的作用就凸显出来。通过监督管理在工程成本控制上的管理，减少企业的一些不必要成本费用，以及因为一些赶工期带来的花费损失。

二、施工进度管理经常出现的问题

（一）编制施工进度计划中的问题

一个工程的建设必须制订一个科学合理的施工进度的计划，这个计划是工程能否按照合同工期正常完成的保证，也是重要的影响因素。编制一个合理科学的施工进度计划需要依据工程当地的环境特点、项目自身的特点以及合同的要求等等，同时要注意施工

过程中各个施工阶段的顺序以及各个工作之间的衔接关系，资源合理科学的配置，资源的合理配置也是影响施工工期的因素。同时，不同的工程具有不同的特点，在组织建设之前需要组织人员对施工图纸和资料进行详细的审查，防止发生设计方案的不合理或者无法施工的现象，施工进度计划必须包含整个项目的各个环节和每一项内容，避免在工程施工过程中出现不在计划内的施工，增加额外的投入，进而打乱整个投资计划，影响施工进度。施工进度计划还应该考虑到项目所处当地的天气、地理、人文环境等因素的影响，防止自然因素对工期的影响。有一些企业在制定施工进度计划时，目标不明确，没有具体考察工程所处实际环境的影响，各个阶段时间控制不合理，不管当地的地质条件、工艺条件、项目的大小和设备的具体状况而制定了施工工期，最后造成了施工进度计划自身存在缺陷，施工过程中必然出现问题。

（二）施工进度计划与资源分配计划不协调问题

施工进度计划能够顺利实施的关键在于工程的资源是否得到合理的配置。资源配置主要包括人力资源、材料资源、机械设备资源、施工工艺、自然条件、动力资源、资金以及设备资源等等。资源的分配需依据施工进度计划来进行，根据进度的时间节点合理、科学地制订出资源分配计划。施工进度计划和资源计划是同时制订的，同时这两个计划也是相互制约相互影响的。现在许多企业还是传统的施工思路，只是合理地制定了施工进度计划，没有科学地筹划出资源配备，只是根据以往的经验来进行分配，结果可能会出现资源跟不上施工进度，结果影响了整个工期。

（三）工程进度计划施工中执行问题

现在，许多建设企业中还存在施工进度管理不善的问题，施工进度计划没有严格按照要求执行，尤其是一些企业规模不大的施工单位，实际施工过程中与施工进度计划严重不符，相互脱节，编制的施工进度计划失去了编制的意义，施工只是施工，而计划就只是计划，导致施工过程完全没有按照计划进行，施工进度计划落空，制定的施工工期目标不能正常完成，工期延长。

三、加强工程项目施工进度管理的措施

（一）单项工程进度控制

在工程开工之后，施工单位应对整个工程进行专业分析，建立工程分项的月、旬进度控制图表，以便对分项施工的月、旬进度进行监控。其图表宜采用能直观地反映工程实际进度的形式，如形象进度图等，可随时掌握各专业分项施工的实际进度与计划间的

差距。

（二）采用网络计划控制工程进度

用网络法制定施工计划和控制工程进度，可以使工序安排紧凑，便于抓住关键，保证施工机械、人力、财力、时间均获得合理的分配和利用。因此施工单位在制定工程进度计划时，采用网络法确定本工程关键线路是相当重要的。采用网络计划检查工程进度的方法是在每项工程完成时，在网络图上以不同颜色数字记下实际的施工时间，以便与计划对比和检查。

（三）采用工程曲线控制工程进度

分项工程进度控制通常是在分项工程计划的条形图上画出每个工程项目的实际开工日期、施工持续时间和竣工日期，这种方法比较简单直观，但就整个工程而言，不能反映实际进度与计划进度的对比情况；采用工程曲线法进行工程进度的控制则比较全面。工程曲线是以横轴为工期（或以计划工期为100%，各阶段工期按百分率计），竖轴为完成工程量累计数（以百分率计）所绘制的曲线。把计划的工程进度曲线与实际完成的工程进度曲线绘在同一图上，并进行对比分析，如发现问题实际与计划不符，需及时做出调整，确保工程按时完成。

（四）采用进度表控制工程进度

进度表是施工单位每月实际完成的工程进度和现金流动情况的报表，这种报表应由下列两项资料组成：一是工程现金流动计划图，应附上已付款项曲线；二是工程实施计划条形图。施工单位提供上述进度表，由监理工程师进行详细审查，向业主报告。根据评价的结果，如果认为工程或其工程的任何部分进度过慢与进度计划不相符合，应立即采取必要的措施加快进度，以确保工程按计划完成。

工程施工进度控制的目标是为了实现项目建设工期，必须通过行之有效的控制与管理，充分把握研究影响进度的各种因素，针对施工进度控制存在的问题采取相应措施，主动积极地对施工进度进行控制，通过各专业、各环节的共同努力，编制合理的施工进度计划，建立科学的控制体系，才能确保工程进度达到合同要求，获得最佳的经济效益和社会效益。

第五节　建筑工程项目群施工进度管理

建筑业的发展是大家有目共睹的，随着其慢慢地成长，面临的问题也是越来越多。

因此，在发展国内工程项目的同时，为了改变这一现象，许多企业发展了海外工程，特别是一些国有大型企业。海外工程虽然说和国内工程施工的差异并不是很大，但是其工期和进度的完成情况会影响企业的整体利益，如果是工程项目群施工的情况，成本将受到严重的影响。如何充分发挥管理人员的素质和建设大型项目群的能力，最大限度地发挥建筑企业的利益，从而提高建筑企业市场的竞争力，已成为当前建筑公司面临的问题之一。

近年来，随着我国经济的高速发展，建筑行业作为我国的支柱产业之一也在迅速发展。面对如此激烈的竞争，越来越多的企业开始走出国门，寻找新的利润点。但是由于海外工程建设的特殊性，也给工程项目管理带来一定的难度。对于我国的建筑企业而言，已经发展到了一定程度，并且有了自己的口碑，但是面对国际化的挑战，面对的问题还是比较严峻，从而制约了我国海外建筑工程项目的海外市场的开拓与发展。

一、项目群进度管理的主要内容

对于建筑工程项目而言，多个项目同时进行是一件常事。如何计划统筹地把这些项目的进度优化到最短时间内完成，是项目群管理的主要内容之一。好的项目群管理应该是各个子项目同时进行，达到总体目标集群的目标价值。项目群进度管理的主要内容如下。

（1）识别项目群。

对于项目群而言，首先要对其识别，然后根据总体的施工项目的目标进行分解，从而集成。为了更好地识别与管理，可以对各个层面进行分解，从而进行关联。

（2）确定项目群活动顺序。

建筑工程项目群管理的实质就是对子项目在工序上进行的逻辑关系的调整，从而可以让资源在子项目上得到充分的调度，尤其是在资源比较紧缺的情况下，比如在高技术人员与高层次的管理人员缺少的情况下，所以建筑企业在施工中一定要明确施工顺序。

（3）估算项目群工期。

项目群中子项目的施工顺序一旦完成，工序的持续时间就直接决定了整个项目的施工工期，以及项目在实施的过程中所要投入的资源等。

（4）编制项目群的进度计划。

施工企业项目群进度管理计划的编制不同于以往单个周期的编制。项目群必须在单个项目的基础上编制总体进度计划，统筹整个项目群的进度，从而达到最优的完工时间。

二、影响项目群进度管理的因素

在项目组建设过程中，由于涉及的项目较多，所使用的功能也不同，所以在建设过程中项目管理的技术复杂性会不同，建设周期的特点也不同，具有资源倾向性的特点。一个项目组的进度管理是基于每个项目的，单个项目的延迟可能会导致整个进度的延迟。因此，项目群的进度控制必须对整个项目中的确定因素和不确定因素进行系统的评价和分析，并采用科学的方法对这些因素进行控制，以保证项目整体进度的顺利完成。

从施工企业的角度考虑，项目群进度管理的因素主要表现在内部与外部因素两个方面：

（1）内部因素

内部因素就是项目群施工单位的自身问题。例如管理能力、施工水平、供应问题等，总之就是施工企业是否能够保证项目不受本单位的影响而延期的情况。

（2）外部因素

外部因素就包括很多了，如建设主体的组织协调与环境因素等。而对于环境因素而言，包括了施工阶段中的天气因素、气候因素、政治因素、社会因素、经济因素等，特别是政治因素，如果遇到一些政策性的变故，这其中是具有一定的风险的。还有就是经济因素，就是施工中一些材料可能由于某种原因而突然价格不稳定或猛涨，都会给项目群进度带来一定的风险，从而影响进度。

三、项目管理中施工进度控制措施

（一）建立良好的进度控制组织系统

（1）项目经理部的主要职责：要对进度控制人员进行落实，同时分配具体的任务与责任，对工程总体的进度控制计划要进行层层分解。

（2）项目进度群施工进度，要求主要项目组织在施工前期，科学合理地确定施工阶段的进度和技术支持，以及应该协调的时间，还有施工中可能发生的影响群项目进度的一切相关风险，当然还包括工程的最重要任务的自然条件，社会经济资源和工程建设的特殊性和计划的进展等一系列的分析，通过进度确定关键阶段和施工程序，对单个工程的施工进度进行协调和平衡，使其能在相对较短的工期内及时反应并投入生产。

（3）在施工之前，确保手续与方案都没有问题后，项目相关负责人要进行统筹规划，要及时组织对现场与施工相关的问题进行合理安排，根据已有条件对施工现场做好前期的预备方案，其中包括了设备、材料存放问题、人员安排等。这样能够做到胸有成竹，让工期顺利地完成。

（4）在施工中，按照施工质量管理体系和工期编制的具体计划，要合理地对工序进行安排，从而实现平行施工，以便提高施工的进度。

（5）对于工作进度的会议要适时地进行开展，对于施工中每个时间和工序的工作进度，要有针对性地采取一些措施，为了能加快施工的进度，一定先抓住关键工序的管理和施工，科学合理地缩短施工工期与工序。

（6）为了能顺利地完成施工任务，可以转成经济承包责任制，这样可以做的多得的多，保证质量，还可以调动全体员工的积极性。

（二）搞好施工项目进度物资、设备、技术、后勤保证措施

（1）施工项目中后勤工作是施工中的必备条件，当然也包括物资的运输以及储备等，如果施工中遇到一些偏远而且运输条件不太好的工程，就要提前准备好，这样才能确保施工中的水、电、材料等必备物质的供应充足。

（2）后期如果出现问题，为了能及时与设计单位联系解决，就需要提前做好现场调查与图纸会审的工作，这样就可以确保如有疑问的地方，可以做到心中有数。

（3）设备要时常检修并做好保养，特别是一些容易坏的设备，要做到有备用或可以调配的设备。要确保机械设备能随时满足工作的需要，这样就能避免设备方面给施工带来的延误。

（三）搞好施工中的协调

施工中的协调能够顺利开展相关工作，特别是对于进度来讲，显得尤为重要。在海外难免会遇到语言上的障碍，所以可以通过提升相关人员的英语专业水平，聘请专业的英语老师和外国建设单位的专家授课，加强专业的翻译和外国技术人员的沟通，真正了解外国技术以及外国相关人员的想法和要求，才可以更好地与外国专家保持沟通和监督；另外还可以聘请外国专家和技术人员，充分发挥他们对当地法律法规、风俗习惯和人际关系的了解的优势。这样可以充分发挥他们对场地的熟悉程度的优势，协调好施工，保证施工高效进行，保证群项目的施工进度。

总之，海外建筑工程项目要想得到良好的发展，就要对其工程进度进行有序的管理，特别是对项目群进度的规划。海外的项目相对于国内的项目而言，在不保证质量的前提下，其进度的快慢直接决定着项目的收益成效，特别是成本的增加，所以海外建筑工程项目群的管理显得尤为重要。

第六节　信息科技下建筑工程项目进度控制管理

在信息化的当今，建筑工程项目进度控制在建筑工程项目管理的工作中显得尤为重要。但是影响工程进度的因素非常多，所以对建筑工程项目进行管理和控制十分关键，由此也可以看出，让信息技术与工程进度管理有效地融合，对建筑业以后的发展是十分重要的。本节对建设进度中可能出现的问题做了研究，并提出了相应的进度控制管理措施。

随着经济的不断发展，建筑业和信息技术也得到了快速的发展，但是建筑工程中出现的问题也越来越多，让信息技术科技和建筑工程进度管理相结合显得尤为重要。信息技术不但可以对工程进度中出现的问题进行监管，还可以为工程进度管理提供技术支持，增强企业的综合实力。本节从以下方面对信息科技进入工程进度管理进行探讨。

一、建筑工程项目进度管理中存在的问题

（一）工程进度滞后问题

因为建筑工程项目的周期都比较长，并且还存在多个项目同时进行的情况，所以对资源的投入时间点和合理分配是很难做到准确预估。这造成了项目在具体实施阶段，安排的工作时间不合理，可能会出现前期施工时间充裕，后期施工时间紧张的问题，还有可能因为资源分配不均而造成资源冲突；而且在施工的过程中，建筑原材料的价格是不断波动的，工程项目延期有可能会造成项目成本增加，使得资金配置不能及时，有可能导致项目失败。

（二）管理人员意识缺失

在项目建设的过程中，由于项目管理层的管理意识缺失，导致劳动力和设备错配、施工不合理、以及建筑原材料浪费的情况时常发生。并且一个工程项目是需要多个施工单位同时完成，各个单位的管理者没有集体责任意识，被“各人自扫门前雪，休管他人瓦上霜”的思想影响，使得相互配合的不默契，导致问题频出而影响施工进程，并且一旦有问题发生还会相互之间推诿，造成了工程项目进度管理上的困难。

（三）缺乏管理制度

工程进度管理存在问题，很大原因是缺乏管理制度所导致的。一是国家没有出台明确的管理制度来解决可能出现的问题，而且相关部门没有进行有效的监管，导致出现问

题的可能；二是施工单位没有制定出有效的管理制度来约束施工人员的行为和提高管理者的责任意识，没有把责任细致划分到每个人身上，这样就导致了出现问题找不到相关责任人，并且没有严格的统一标准，使得工人对标准不明确。

二、建筑工程项目进度控制管理的措施

（一）合理的规划项目进度

在项目建设前期，合理地规划项目的进程，为项目顺利进行打下了坚实的基础。首先在项目施工前，要对各个施工单位的工作内容进行明细划分，让每个施工单位明确自己的工作内容和职责，把自己的工作职责落实到具体工作当中，并需要定期检查，来确保工作内容和进度能否完成，大大降低进度出现问题的风险；其次要对项目进行充分的调查，对施工环境、原材料的价格和需求量以及资金供应链等因素做好评估，从而制定合理的施工进度计划，避免出现延期以及资金链断裂的可能；最后要做出必要的应急方案，确保一旦出现问题，可以在第一时间内有应对的措施，并尽量将问题控制在一定范围内，避免对施工进度产生不可预计的影响。

（二）加强培训教育

提高管理人员的责任意识，对建筑工程项目进度控制管理非常重要。因为只有每个人的管理意识增强，才能强化大家的集体意识，才能让项目更加顺利地进行，所以需要开展一些培训活动，来加强管理人员的责任意识。比如可以定期组织大家学习，让每个人写下学习心得并分享给其他人，让大家都有这样的责任意识，并且可以让每个人都制作一个关于所学内容的小视频来供大家欣赏，增加大家学习的积极性；其次可以把培训内容和游戏相结合，组织一个趣味问答比赛，并添加一些有趣的奖惩方式来增加知识的趣味性，不让人觉得学习无聊难以接受；最后需要组织评选活动，对培训期间表现优异的人员进行嘉奖，对学习态度散漫的人员进行批评，让施工人员知道企业对开展培训活动的重视性，也让其知道责任的重要性。

（三）加强制度建立

想要让建筑工程项目进度有效地实施，就要加强制度的建立。一方面国家要出台严格的制度来规范施工，并且还需要相关部门来进行监管，以防制度流于表面化没有落实到实处，并尽可能杜绝问题的出现；其次施工单位要制定明确的制度，让一切工作在制度下有标准可依，并建立完善的奖惩制度，把职责细化到具体的人身上，让每个人都有危机意识，这样才能使工程更好地进行下去，一旦出现问题可以及时发现并解决，防止问题扩大化影响到施工的进程。

三、建筑工程项目进度控制管理的意义

随着我国经济的持续发展，建筑行业也迎来了良好的发展前景，但是随着项目复杂程度的增加、多个工程同时进行的情况逐渐增多，更由于工程信息获取不及时、项目监管和控制欠缺、施工前的预定方案不合理等原因，导致工期延误、成本超出预算以及项目失败的现象频频出现。因此必须构建先进、高效、合理的项目管理机制来推进企业的转型，使其更符合国家科技发展的要求。

进度控制水平直接影响到公司的经营收益，利用网络信息科学技术来作为项目管理进度的技术支持，可以有效地缩短建设周期来提高效率、降低企业的使用成本以及提高管理水平。在网络技术的支持下，可以对现有的项目管理技术进行有效的补充，为项目精度管理提供了可靠的技术，从而重视项目的整体效益优化、避免多重任务资源分配不合理而造成资源冲突。并且随着信息科技加入项目进度管理技术中，可以构建有效的项目进度流程，为公司提供了一切程序的标准和问题解决措施，在提高公司竞争力和丰富项目进度管理方面有着重要的意义。

随着信息技术的普及应用，信息科技进入工程进度管理是非常必要的，它的出现不但可以对工程进度管理中出现的一系列问题提供技术手段，还为增加企业的核心竞争力提供了可能，为企业的技术转型带来了重要的技术基础。本节对工程项目中可能出现的问题进行了探讨，并提出了一些策略来提高工程项目进度管理的效率，以保证信息技术管理工程进度的合理化。

第四章　建筑工程项目资料管理

第一节　建筑工程资料管理中存在的问题

建筑工程资料是反应建筑工程施工质量的客观因素，也是后期工程扩建和维修工作进行的依据，由此可见，做好建筑工程资料管理工作对建筑工程的意义。为此，本节从建筑工程资料管理中存在的问题，在此基础上分析了建筑工程资料管理的改进策略，旨在为我国建筑工程资料管理工作的进一步开展提供意见。

良好的建筑工程资料能够为建筑工程建设过程中各项工作的开展提供依据，有利于管理人员对施工过程中的各项工作进行控制，并且完善了建筑工程的整体建设流程，实现了施工现场各项资源的合理配置，进而提高了建筑工程建设质量和效率，并且为后期建筑工程的竣工奠定了基础，这也是衡量建筑工程质量的标准。

一、建筑工程资料管理中存在的问题

（一）建筑工程资料体系不够完善

建筑工程资料体系的不完善主要体现在建筑工程资料软件没有在全国范围内统一的问题上，并且不同地区关于建筑工程资料总结的要求也各不相同，导致在归档时没有统一的标准。建筑工程资料体系不够完善的主要原因是建筑企业对建筑工程资料管理工作的重视程度不高，尽管近年来，我国已经就建筑工程资料工作制定了相应的法律规定和规章制度，但是却未得到良好的执行和应用。这是因为建筑企业对建筑工程资料重视程度较低，引起了档案管理人员工作的积极性和主动性，再加上建筑企业监管部门的监管力度不足，致使建筑工程在竣工之后会出现档案资料不够完善的问题，另外建筑工程的质量也不能得到保证。

（二）不清楚建筑工程资料存在的意义

建筑工程资料能够反应建筑工程建设和管理过程中的每一项工作，并包括了隐蔽施

工工序。此外，建筑工程资料对于建筑工程施工时期而言，是反应施工现场最真实的资料，客观地反映了施工工艺水平和施工现场质量管理工作效果；对于建筑工程后期改造时期而言，为建筑工程的扩建和后期装修提供了基础资料。例如，在对建筑工程中墙体隐蔽工程进行验收时，直接展示在验收人员面前的是完整的墙体，此时进行质量验收的方式有两种，一种是现场钻探，另一种是资料勘察，由此可见，资料勘察是一项经济性较强的隐蔽工程质量验收方式。但是，部分建筑工程企业未意识到建筑工程资料管理工作的重要性和意义，致使建筑工程资料管理工作的作用得不到有效发挥。

（三）建筑工程资料管理制度不够健全

随着时间的发展，建筑工程资料管理工作的要求也越来越高，为此，部分地区要求对建筑工程资料进行扫描，但是仍然有部分地区未对建筑工程资料进行扫描，致使建筑工程资料管理制度存在不健全之处。此外，部分建筑企业在按照规定收集好建筑工程资料之后，并没有按照规定进行装订和管理，致使资料容易出现混乱。

（四）建筑工程资料归档部门不够明确

为了做好建筑工程资料归档和管理工作，我国部分地区已经建立了质量监督站和建筑工程资料归档管理部门，但是仍然有部门地区缺少专门的建筑工程资料归档部门，致使建筑工程资料管理工作效率下降。建筑工程资料归档工作不够完善则会导致档案丢失等问题，部分档案管理人员会用复印件来代替档案原件，部分建筑企业的资料管理室甚至会当做休息室来应用，人员流动变化之大使建筑工程资料容易出现丢失现象。

二、建筑工程资料管理的改进策略

（一）健全建筑工程资料体系

为了不断提高建筑工程资料管理水平，建筑企业需要健全建筑工程资料体系，为管理工作的进行奠定良好的基础，并在档案管理工作良好进行的基础上，建立相应的管理制度。此外，建筑企业需要将资料管理工作落实到具体个体上，通过责任制来明确建筑工程资料管理的职责和义务，在做好管理工作的同时，不断地规范管理方式和管理人员的行为。

（二）提高对建筑工程资料管理工作的重视程度

建筑企业需要提高对建筑工程资料管理工作的重视程度，并通过不同形式的宣传工作，提高建筑企业内工作人员，尤其是档案管理人员对工程资料管理工作的重视程度，并转变员工传统的工作理念，进而提高员工的工程资料管理意识。

为此，建筑企业可以在建筑工程建设工作开展之前，组织资料管理人员参加培训，通过举办讲座、集中学习培训、个性指导等教育方式来开展宣传教育工作，使全体员工能够明确建筑工程资料的重要性及其管理工作的重要性。培训工作的进行，不但可以提高资料管理人员对管理工作的重视程度，还能够提高其对建筑工程资料工作的掌握程度，进而更好地开展管理工作，为建筑工程质量的提高和建筑企业形象的完善奠定良好基础。并且，在建筑工程开始之后，资料管理人员便需要将各个建设时期的验收资料归入到总体施工档案中，从基础角度来确保建筑工程资料收集和整理工作的效率。

（三）做好建筑工程资料的收集工作

（1）建筑企业需要确保建筑工程资料的真实性、准确性、有效性、完整性，因此，需要做好建筑工程现场建筑工程资料的收集、整理、记录工作，避免出现不真实资料影响后续管理工作进行的问题。并且，要禁止资料管理人员在收集资料时，对资料进行随意更改，为技术部门处理后续施工过程中的问题提供真实有效的数据，避免造成补救判断失误的现象。总之，建筑工程资料收集和记录工作需要按照施工现场的实际情况来进行。

（2）需要注重对隐蔽工程验收和闭水试验数据资料的记录，在建筑工程施工过程中，一旦涉及了隐蔽工程验收和闭水试验，资料管理人员需要在旁边进行监管和记录，并在验收工作结束后，请工作人员在验收资料上签字确认，并且要确保记录数据的真实性，必要时还需要做好视频备份。

（3）为了确保建筑工程质量验收工作的顺利进行，资料管理人员在收集和整理各种分部、分项、批量质量检测资料时，需要应用标准表格进行，并且要形成书面报告，书面报告需要按照相关规定来完成，并应用黑色记号填写其中内容，不允许出现后期补录情况。

（四）做好建筑工程资料的分类工作

分类和归档是建筑工程资料管理工作中的重点环节，建筑工程资料能否按照规定进行归档和分类，直接关系到了其日后的应用价值和意义。为此，资料管理人员需要结合施工现场的实际情况，对建筑工程资料进行合理归档和分类，并按照归档分类要求，将建筑工程资料分为 A 册（主要包括施工组织设计、施工质量管理计划等）、B 册（主要包括了施工技术资料及其相对应的管理资料）、C 册（主要包括建筑工程的质量保证资料）、D 册（主要包括建筑工程的质量验收资料），避免在后续的竣工验收工作中，再对建筑工程资料进行分类和归档。针对在施工现场收集到的资料，管理人员需要在资料盖章签字确认工作结束后，及时地将其放置进相对应的资料夹中，并形成相关文字记录；

如果资料涉及了整体的建筑工程，或者是有后续的应用要求，管理人员则需要保留相对应的影像资料和电子文件夹，以便后续管理工作的进行，并为管理资料的查找奠定了基础。

在整体建筑工程竣工后，建筑企业需要结合实际的施工情况绘制竣工图纸，并且在图纸绘制过程中，需要安排专业的工作人员对图纸绘制工作进行监督，确保竣工图纸的绘制与实际的建筑工程相符。在竣工图纸绘制完成之后，建筑企业需要将竣工图纸和原本的设计图纸进行对比，并将存在差异的部分标记出来，如果发现竣工图纸和设计图纸之间的差异超过了30%，设计部门则需要重新提交审图，交由审查部门审查合格之后才能盖章，并确认有效。针对整体审查合格的竣工图纸，施工部门需要在图纸的右下角签字确认，并盖章确认，以此来确保竣工图纸的有效性。

总之，建筑工程资料管理工作是一项系统性较强的工作，并且涉及了建筑工程从立项到竣工的每一项工作，此时，建筑企业想要确保建筑工程资料的完善性，需要结合建筑工程的实际情况，建立建筑工程资料制度，并全面提高企业员工和资料管理人员对管理工作的重视程度，从多方面角度将管理工作提高到总体高度。

第二节　建筑工程资料管理工作的重要性

建筑资料包括设计图、合同文件与建筑许可、建筑的实际档案等资料。随着现代社会建筑规模的不断扩大，工艺更加复杂，建筑资料也变得更为繁杂。本节探究建筑工程资料管理的重要性，从工程前的管理、工程进行中的管理、竣工后的管理三方面，说明了管理好建筑工程资料的重要性，希望能够提升工程人员对此的关注度，保存管理好建筑工程中的相关资料。

建筑工程资料是在建筑过程中出现的依托于各种载体的文献资料，完整的工程资料对城建档案的完善具有重要作用。在工程交工、质量验收以及事故后追责等方面具有不可替代的作用，因此，建筑工程资料的保存十分重要。在未来的城市发展过程中，建筑越来越趋于复杂化和大型化，完整的建筑工程资料是复杂建筑的重要“身份证”，管理保存建筑工程资料非常重要。

一、建筑工程资料管理在工程前的重要性

（一）控制工程造价

我国幅员辽阔，居民分布广泛，南北东西的气候地域具有很大差异，完全相同的工

程，可能由于地域条件的不同，就需要用完全不同的施工方式。因此，在施工之前进行的造价估算就变得极为重要。不同建筑工程的规模结构、建造需求各不相同，再加上不同地域的客观因素，气候条件、要求工期、地形土壤等也存在很大差异，因此，不同地区不同建筑之间的工程造价相差非常大，对工程的造价预估显得极为重要。在进行工程建设的过程中，建设工程概预算要以设计的原始图纸资料等文件的内容为依据，结合国家指标、工程补贴，以及不同地区的材料、人员等费用，进行综合计算，对工程造价进行预算，以此来确定该建筑工程所需的投资额度。如果工程造价计算差距过大，可能会导致建筑资金耗尽，工程无法完成，给建筑方带来巨大的损失。在进行建筑工程概预算的过程中，需要借助设计资料、政府相关文件、实际施工方案、招标文件、材料价格等相关资料进行综合的计算推断，这些资料都属于建筑工程资料。如果建筑资料管理不善，就会影响工程的造价判断，可能会给工程造成损失。

（二）保障工程安全

近年来，一些楼房倒塌，甚至是新建、在建楼房的倒塌新闻吸引了人们的视线，这类建筑事故发生的原因除了非法施工或是偷工减料之外，另一个重要原因就是工程资料的审核不到位。建筑工程资料关系整个工程的顺利进行、安全发展。在建筑工程开始之前，要对工程资料进行反复核对，利用重复检查、电脑模拟等方式，确保设计图纸的安全科学，使得建筑物在施工时能够顺利地进行。建筑工程资料的管理，关系建筑的安全性。对工程资料进行有序的管理保存，就可以在工程开始之前的复验中更好地进行推演实验，确保工程的安全稳妥。良好的资料管理可以使验证者一目了然地注意到需要推演的内容，通过模拟等手段进行推演，保障建筑工程从一开始就能够科学安全地进行。

二、工程建设中建筑工程资料管理的重要性

（一）控制工程质量

建筑出现问题，除了工程设计的不合理，另一个重要原因就是工程施工过程中偷工减料，材料质量不达标。在控制工程质量的方面，建筑工程资料的管理也占据着重要的位置。工程质量的控制分为对施工组织的工作控制和对施工现场的质量控制，要监督控制的内容包括工艺和产品两方面。在控制工程质量的过程中，能够对工程质量产生影响的主要有五大因素：人、机械、材料、方法、环境。对这些的控制，都离不开以建筑资料作为参考。建筑工程中，专业的技术人员必不可少，一些专业技师要凭借资格证才能获取从业资格，对技师从业资格的验证留档，也是建筑资料的一部分。同样，技师所操作的专业机械，其质量、安全性等都需要进行检测并在建筑资料中留档。低质量的建材

会对建筑的质量造成影响，为了防止施工中建材被以次充好，建筑工程质量保证资料是必不可少的，合格证、使用说明、质检报告都包括在其中。“方法”指的是施工日志，详细的日志可以记录施工的详细经过，在制度上防止了施工的偷工减料。在施工过程中还要在不同时段对附近的环境进行影像留档以用来反映变化。这些资料都属于建筑工程资料，工程资料的管理对工程质量控制具有重要作用。

（三）保障施工安全

施工工地地势复杂，含有很多危险因素。在施工中，工地事故是最容易发生的施工事故。对建筑资料进行管理，有助于保障施工的安全，这种保障是通过记录施工现场安全资料来实现的。对施工现场的安全管理，要做到预测、预报、预防，防患于未然。一个重要的预防手段就是建立安全生产保障体系，记录大量的施工现场安全资料。通过记录安全资料，可以预防危险施工所产生的安全事故，同时，安全资料还是安全管理的结果，通过借鉴前人的安全资料，可以使施工方注意到潜在的危险，防止因预测不足而产生的施工危险。施工现场安全资料是施工的实际记录与未来的施工指导，对于安全生产责任制的考核落实，安全资料就是书面上的安全施工证据。充足的施工现场安全资料，可以为施工的安全管理研究提供分析资料，进而建立更加可行的安全保证措施，可见建筑工程资料的管理对施工安全的作用。

三、工程竣工后建筑工程资料管理的重要性

（一）处理安全事故追责

一旦出现建筑安全事故，完备的建筑工程资料可以帮助事故调查者快速排查问题，发现事故产生的根源，从而明确责任人进行追责。在出现安全质量事故的时候，首先需要参考质量事故调查报告。需要对事故进行调查分析，掌握事故的具体情况并写成调查报告，对这次质量事故的实际情况详尽说明，上交监理工程师和相关部门，进行事故分析。同时还需要递交工程的相关许可文件，确定许可文件的有效性和建筑是否符合施工要求，是否存在设计缺陷等。最后结合建筑相关的法律法规，分析建筑资料寻找问题，判断事故的影响和原因，明确责任人并进行追责，为质量安全事故做一个合理的解释。在这个过程中，管理良好的建筑工程资料可以帮助事故调查者尽快发现问题所在，明确事故原因，确定责任所在，为质量安全事故做出合理的交代。

（二）进行日常修缮

美国南达科塔州曾经的第一高楼在爆破拆除时，并没有应声倒下，只是出现了倾斜，

最后不得不通过施工队进入进行拆除。失败的原因是该楼年代久远，相关的建筑资料已经散失不全，仅靠起爆工程师的判断才导致了爆破失败。可见，对建筑资料的管理不仅在建筑时，在建筑之后的修缮甚至拆除都有重要的作用。建筑工程资料中的施工资料，是工程进行中的实时记录，对工程的各个环节都进行了描述与记录。在现今的社会，建筑工程规模巨大且人员流动量大，原本建筑者可能都无法说出建筑的全部设计，但建筑工程资料可以“说出”。在工程结束进行验收的时候，建筑资料是原始的质量验收依据；在需要进行维修和改建或是出现突发事件的时候，是重要的建筑结构参考；即使是在建筑废弃的时候，掌握原始的建筑工程资料也能更好地保证建筑的安全拆除。由此可见建筑工程资料的管理在工程竣工之后起到的作用。

综上所述，建筑工程资料的良好管理具有非常重要的作用。在工程开始之前，可以用于控制造价、保证工程的设计安全；在工程进行的时候，可以用于保证施工质量、防止施工事故；在工程结束后，对建筑进行维修改建的时候，依然离不开建筑工程资料作为参考，一旦出现问题事故，这也是最原始的参考研究资料，可见建筑工程资料管理的重要性。

第三节　建筑工程资料管理控制

排列有序、内容齐全、清楚明了的单位工程施工质量技术资料，必须根据工程实际施工，按照有关规范、规程去检测、评定，做到物体实际质量等级与资料内所记载的质量数据相符，这是物体质量的实质反映。

由于工程一般都具有隐蔽性，对工程质量的检查，往往需要通过资料来体现，如果对工程资料管理不到位，工程资料不完整、欠缺漏，不符合有关标准规定，则对该工程质量具有否决权。

一、建筑工程资料管理

（一）工程资料的分类及构成

施工企业的工程资料一般按工程技术管理、工程质量保证、工程质量验收三大类进行管理，概括有：工程测量记录、工程施工记录、工程试验检验记录、工程物资资料、施工验收资料，这些资料是在整个工程建设过程中形成的，所以必须清晰掌握施工质量管理流程，才能准确知道什么时间该形成什么资料。

（二）全局统筹，团队协作

工程资料的好坏，全局的统筹很重要。工程资料不是仅由资料员设计的，而是由项目负责人、项目技术负责人及各专业技术人员竭诚协作产生的。

项目开工前，应由项目负责人主持召开项目施工统筹会议，明确各职能分工、岗位职责，工程资料的具体运作由项目技术负责人安排，施工员、质检员、材料员应全力配合资料员。

以某工程的地基与基础工程（分部）的桩基础子分部为例，该工程桩基础为冲孔灌注桩。在分部工程开工报告获得审批通过后，由项目负责人主持召开分部工程专题会议。根据图纸会审、施工方案、检测方案，项目技术负责人对各专业技术人员进行交底：测量人员根据图纸完成坐标定位测量记录后，再进行基线复核，填写工程基线复核表；材料员要严把进场材料质量，审核进场材料（钢筋、焊剂焊条）合格证、厂家形式报告、进场数量，确定进场材料需送检批次及跟踪材料检验报告，尤其是商品混凝土的产品质量证明文件；施工员、质检员要结合施工方案，详细掌握工程施工的难点、要点和工序，对施工班组进行分项工程质量技术交底，填写分项工程质量技术交底卡，并在施工过程中填写相关的施工记录：冲孔桩成孔施工记录、冲孔桩钢筋笼安装隐蔽验收记录、冲孔桩隐蔽验收记录、冲孔桩灌注水下混凝土记录、护壁泥浆质量检查记录、混凝土坍落度检测记录、土方开挖后桩基础复核及桩质量检查表，和各分项工程质量验收记录、检验批质量验收记录。桩基础完成施工后，由检测单位进场进行检测，现场施工员、质检员全程跟进。

桩基础施工、检测全过程，资料员必须密切与测量、材料物质、施工、质检、检测单位沟通，按施工工序及时收集资料，当某一环节资料出现问题时要及时向项目技术负责人提出，由项目技术负责人组织各专业技术人员研究解决。桩基础完成检测后，资料员要抓紧对收集的工程技术资料按归档要求进行整理、组卷；项目负责人、项目技术负责人根据施工实际签署桩基础子分部的验收记录：工程质量控制资料核查记录、工程质量验收记录及纪要、工程质量验收申请表及审核桩基础子分部进行施工小结。

（三）重视资料的真实性、逻辑性和可追溯性

施工技术资料的填写主体为专业质量检查员或专业工长，要求项目齐全、准确、真实，有关责任方应按规定签字盖章，工程资料员应随工程进度及时收集、整理，并应按立卷要求归类。工程资料不能随意涂改、伪造或损毁；当确实需要修改时，应实行划改，并由划改人签署。

资料要经得起推敲，经得起细看，收集资料时要细心，注意细节。比如施工工序的

逻辑先后性，楼板的施工顺序是先支模板，再扎钢筋，最后浇筑混凝土，要注意资料上的时间填写是否正确。检测的时间要真实准确，原材料的标本要真实，不可弄虚作假，检测部位及数量要真实可靠，检测方法要真实准确，数据结果要真实准确。管理性文件要规范齐全；现场施工记录要根据实际情况填写，并做好签字及时和齐全，描述具体并具有可追溯性。工程资料的可追溯性要求非常严格，这要求工作中每个细节都不能出错，也就是说，从原材料一进场，各部门就要全程跟踪，直至形成工程实体。

（四）合理筛选，提取有用资料

资料不是越多越好，能反映施工现场、施工过程、施工结果等现实情况的资料才是有用的，才能对项目形象、效益等产生作用。如原材料的随车材质书上不仅要有生产厂家的公章，还要有供应商的公章，这样当材质出现质量问题时，才可凭借材质书追究其责任，追溯生产厂家的产品质量，从而保证项目利益不会受损；工程过程中收集的各类活动的文字、声音、图片及视频等资料，是既可反映真实施工状况，又能反映项目企业文化、良好形象的资料。

三、影响建筑工程资料管理原因与建议

（一）原因

（1）主观认识存在偏差。认为工程资料是资料员一个人的事，造成资料员大包大揽。资料员的优劣代表了工程质量的优劣，这是错误的认识，有的工程甚至不设专职资料员，由其他岗位的人员兼任。

（2）知识结构不尽合理，人才投入明显不足。工程资料编制和整理归档的人员应该具备岗位资格证书，具有相关的法律法规知识、专业技术知识以及信息管理知识和科技档案管理知识，同时，还要熟悉地方主管部门发布的相关政策文件。资料问题更多的是由工程施工的问题引发的，资料问题同时也是工程质量问题的综合反映。

（3）管理制度不够健全，管理人员职责不清、责任心不强。工程资料管理制度、管理工作制度等不健全、不完善、不落实，直接或间接影响工程资料的质量。没有认真落实岗位责任制或者因人员设置或岗位调整造成职责不清，相关岗位的相关资料编制、整理工作无人落实，责任无法追究。有的工程技术人员、质量管理（检查）人员、施工管理人员和管理人员有重实体轻资料的思想，导致资料的编制、收集、分类和归档工作与工程进度不同步，往往一拖再拖，最后临时拼凑或杜撰，制作假资料应付。

（4）硬件设施不完善。工作条件和环境对工程资料质量的好坏有很大影响。无办公场地或办公场地简陋，无资料存放柜或资料柜不合要求，无电脑设备、打印设备和办公

台凳等均对工程资料的编制、保管、安全产生不利影响。

（5）监督检查不严格，监督服务跟不上。①有的监督人员对工程实体存在的质量隐患能认真严格处理，但对工程资料往往疏于检查、不严格检查或检查发现问题不处理或轻处理。②有的监督人员自身素质和能力跟不上，对工程资料存在的问题发现不了，对建设、施工、管理单位无法提供权威、有效的指导意见和监督服务。

（二）建议

（1）工程建设各责任主体的单位责任人和项目负责人，应该端正态度、正确认识、消除误区、熟悉并掌握工程资料形成规律，对工程资料的管理必须由专人负责。

（2）建设行政主管部门或质量监督机构应加强法律法规的宣传教育，加强监管。既要狠抓工程质量，更要狠抓工程资料的及时性和真实性。

（3）工程建设各责任单位应该制定工程资料管理职责、管理规定和流程。制定具体奖惩制度，对工程资料进行定期和不定期相结合的巡检，奖优罚劣。

（4）加强对工程各专业人员的定期业务培训，不断提高人员的业务水平，教育专业人员爱岗敬业，有责任心。

（5）资料的组卷工作是工程资料归档管理的重点和难点，企业、项目应高度重视，密切关注。

总而言之，做好建筑工程资料管理工作意义非凡。近年来，由于资料管理方面的问题，建筑工程施工质量不达标，施工过程中出现较大的经济损失及人员伤亡的现象层出不穷。作为相关的管理人员，需要充分认识到做好建筑资料管理工作的重要意义。在今后的施工过程中，要求工程建设各责任单位主管（技术）负责人、项目负责人、各管理环节有关人员共同努力，对施工资料进行严格监管，从而在保证建筑工程施工具有更高质量保证的前提下，减少不必要的经济损失和人员伤亡。

第四节　建筑工程资料管理规范化

工程资料在建设项目中有重要地位，提升建筑工程资料管理规范化是历史发展的必然结果，通过进一步提高管理效率，不断助力工程质量管理水平的提高。虽然现阶段，在建筑工程资料管理过程中尚且存在不足，但随着发展，以及相关工作的有效开展，相信不久的将来，建筑工程资料管理会越来越规范，同时，工程质量管理也会不断加强。希望本节的简明阐述，能够为建筑事业的稳定健康发展提供有效保障。

建筑工程属于长期、复杂的工程，这要求相关的工程质量管理要做到有效监督，而建筑工程资料管理作为提高质量管理过程中的重要部分，同建筑工程质量管理是密不可分的。基于此，在完善工程质量管理过程中，必然要提高对建筑工程资料的管理水平，旨在提高认识，以此助力工程质量管理战略目标的实现。

一、建筑工程资料规范化管理的意义

建筑工程资料的规范化管理是工程质量管理的重要组成部分，资料的及时收集、整理和归档能为工程施工提供规范化的目标，确保工程施工过程的规范化和标准化，最终确保工程质量的管理监督。建筑资料的规范化管理，是全面对工程建设各个环节的建筑资料进行规范化管理。而资料管理人员规范化地开展资料管理工作，能在工程开工前、施工时、竣工后对工程质量进行全面的管理监督，规范施工现场的施工工作，监督质量管理工作人员加强工程质量的监督管理。最终实现工程资料的规范化管理，发挥工程资料管理工作对工程质量管理的监督作用，实现部门之间的通力合作和沟通交流，全面加强对工程质量的监控。

二、建筑工程资料规范化管理中的问题

目前，资料管理工作没有达到规范化的工作标准。其主要原因是资料管理人员以及质量管理人员还没有明确两者的关系，在工作中没有实现很好的合作和交流。从而导致整个工程资料管理与工程质量管理分离，工程质量管理监督工作效率不高，工程资料管理人员缺乏积极的工作态度。在工作中的主要表现就是资料管理人员不受质量管理监督范围的管理，其工作态度懒散，工作积极性不高，很多时候不积极主动收集、整理以及送检工程相关资料和报告，这严重制约着工程质量管理监督工作。

三、规范建筑工程资料管理措施

（一）全面管理建筑工程资料

负责工程资料管理的工作人员自工程开始之前一直到工程结束，都需要进行相应的整理和管理资料工作。首先，在正式施工之前，资料管理人员需要明确工程相关资料，包括基本施工情况、主要负责人、施工范围、注意事项等等，而这些资料则需要工作人员从负责工程的施工单位和设计单位中获取，资料管理人员加强对工程施工设计的了解程度，从而有利于进行相关的基础工作，为之后正式施工打下良好的基础。其次，施工过程中的每个步骤都是提前设计的，施工中按部就班完成的，这就需要资料管理人员做

到在未开工之前进行良好的资料管理工作，将相关的材料单以及各种审核表等与资料进行对应的整理，从而促使工程的各个环节都能没有失误的进行。在工程竣工之后，资料的管理人员需要将涉及工程各个部分的详细资料以及相关的凭证整理完毕，之后将资料送往监理单位，落实监理单位对工程施工的检查和审核工作，获得确定工程审核没有问题的文件之后，处理好相关的工程善后，确定工程的良好完工。

（二）制定规范化的管理制度

完善和规范工程资料管理过程的前提是具有一个严谨的资料管理制度，从而促使管理人员能够按照标准规范自己的工作流程，管理自身行为。首先，制度中需要明确工作人员的工作细节，让管理人员明确地了解工作范围内需要做什么事，而哪些不在工作的范围内。通过严格的工作流程和奖惩制度，减少了管理人员利用职务之便中饱私囊，没有保证资料的真实性，抑或是管理资料过程中的敷衍了事等问题的出现，实现管理人员的工作效率的有效提升。其次，落实定期地对资料管理人员的考核机制，检查管理人员的资料管理工作是否切实地实现真实性和全面性这两个关键点，根据被考核的人员所具备的职业素质给予相应的奖赏或者处罚，奖赏的方式可以通过奖金、社保办理等途径实现，而处罚就要根据工作的失误程度而定。只有严格严谨的资料管理制度，才能促进管理人员不断完善自身工作，将各项制度落实到实处，从而确保工程没有失误的完工。

（三）创新建筑资料管理模式

不断创新改良工程资料管理的工作，促进工程资料管理的完善和进步。而本节所提到的促进管理工作良好发展的资料管理新模式是：建立起各部门之间的合作关系，其中最需要重视的是建立审理部门，设计部门之间的联系。在工程竣工后，各部门之间的联系的重要性凸显得尤为重要，通过全面性的部门之间的合作，将工程资料进行良好的整理，并将资料顺利地送往审理部门进行审理，确认工程质量的标准程度。资料管理创新中还有很重要的一点是信息技术的使用，在这个快速发展的社会，科技信息也走在社会发展的前端，资料管理也可以通过信息技术更好地实现自身的价值。这也就对管理人员有了更高的工作要求，不仅要熟练地掌握最基本的工作流程，同时还需要具备现代化的操作技术，从而促进工程档案管理实现理性管理，保证工程质量能够进行范围之内的控制。

（四）加强协调配合，形成项目档案管理工作合力

竣工资料管理是整个施工过程中涉及最广的管理工作，想要良好的完成竣工部分，需要将各个部分的施工资料进行良好的整理，将各个施工步骤真实地、完整地记录下来。但是资料管理人员是难以实现工程资料记录的完整性的，因此，管理人员应该与审理部门、施工部门、监察部门等进行良好合作和沟通，从而保证资料的良好质量。竣工的良好完成需要充足、全面的资料作为支撑。由此可见，在工程的收尾阶段，各个部门都要落实自身的责任，将各自的工作重点落到实处，为之后资料整合和管理工作打下良好的基础，同时，监管部门也应该实时对工程资料的真实性和严谨性进行监管，对于出现问题的地方及时纠正。对于工程施工资料有一个最基本的要求，就是符合法律法规的操作要求，法律作为理性标准，是在进行任何工作之前都需要考虑的基本前提。我国作为一个依法治国的社会主义国家，以及法律法规自身的严谨性，要求工程进行的每个步骤都必须严格遵照法律标准进行，从而确保工程能够收到预期的建设效果。

（五）施工技术的资料与工程同步，做到有效保存与记录

工程资料管理相关规定要求资料添补的进度要和施工进度同步，在资料整理的过程中，需要工作人员随时去施工场地了解实际情况，完善资料，及时上交需要审核的资料。并且尽量地确保资料填写的字迹清楚、格式标准、内容准确无误，在每份资料上都有相关部门的负责人签字确认。此外要重视资料的记录和保存。工程建设资料是工程质量的重要证明。因此，实现资料的真实性记录之后，加强对资料管理的重视度，明确分类各个部分的资料，确保之后在施工过程中能够顺利将其调用。

（六）实现“工程项目文档一体化”的工程资料管理模式

首先，在完善资料的过程中，需要管理人员进入施工场所进行实地勘察，这就需要完善管理人员的岗位制度，实现管理人员在具备专业业务能力的同时，还具备检测检查、勘探设计等工作技能。

其次，将工程建设资料进行阶段性的管理和整合，实现资料的专人管理、专门分类、专部负责，按照各个工程和季度进行编制管理，从而实现资料管理的严谨化和规范化。

最后，根据施工流程明确工程资料的进度和质量，对于审核有问题的资料拒绝其进一步的工程跟进，发现存在的问题，应及时解决，从而尽量减轻由于资料的整合问题而导致竣工部分出现问题。

综上所述，作为相关的工程质量管理人员，明确规范建筑工程资料管理策略是必要的，在实施有效管理过程中，必须要以实际工程项目为参考，积极认清建筑工程资料与建筑工程质量管理之间的有效联系，以此制定更加符合实际并且具有规范化的资料管理

体系，有助于工程质量管理水平提高。此外，作为建筑工程资料管理工作人员，要时刻与工程质量管理人员，保持紧密沟通，要学会协调发展，以积极的合作方式，全面提高工程质量监控的有效性。

第五节　建筑工程造价资料的管理

工程造价工作中资料的管理是非常重要的环节，是工程造价在进行工程项目预算时的重要依据。工程造价资料的收集、归类、整理必须要有一套完善的管理模式。建立工程造价资料管理制度也是工程建设的基础，在施工建设的不同阶段都需要进行投资估算、标底编制、竣工验收等工作。把这些工程造价资料管理好，有利于控制好工程建设的投资范围。

一项建筑工程的开展涉及的面非常广，工程造价在工程建设前期就要开展，造价人员要对工程建设进行投资估算，编写可行性报告，初步设计概算等基础性工作。这些资料对后期施工建设的投资，都是非常重要的依据。管理好工程造价资料是关系实际施工建设成本的关键因素。施工企业在合同的价格控制下能够得到多大的利润，都是围绕着造价资料为核心去计算的。

一、工程造价资料的分类管理

建筑工程项目的投标过程是进入市场的第一步，在投标过程中要把握住机会才能立足市场，在市场竞争中要想紧握机会，就要加强对施工企业工程造价资料的管理。例如：工程造价人员要在投标过程中编制好标书，标书对中标起着关键作用。编写标书要明确好工程建设的施工方向，标书内部不清楚的地方要向业主咨询，不能缺失资料以免影响后期的投资。预算结果出来后，对这些资料进行排版汇总，进行有效的报价和复核标底。一个工程的竣工时期和在建时期对工程价值的设计概算、施工概算、结构工艺、施工材料等资料，都要进行单价分析。工程造价资料竣工后，也要进行整理分析。所以在整个施工过程中必须管理好这些资料。施工单位可以利用电脑对项目的建设工期、主要工程量、采购材料和运用设备进行分类，把每种设备的型号、规格、数量、市场分析、投资预算等方面的信息都标注出来。运用这些资料时方便好找。

工程造价资料中的图纸资料在收集时，技术人员要对图纸中的形式改变和工艺改变进行仔细地复核。如果有重大改变，哪个单位负主要责任，就要求哪个单位重新绘图。

不能把在原图上进行过修改的图归档在资料里。例如“竣工图”里面如果有重大的改变和扩建等情况就要求施工单位重新绘制图纸，在图纸上附上记录，说明图纸改变的原因，补充工程扩建的说明。当工程造价人员把这些资料重新归档收集，整理这些改动过的图纸时，要在原有的资料案卷上补充改动说明。工程建设过程中，各个施工阶段的图纸都有相应的套数规定。工程造价资料管理人员一定要注意这一点，不能在收集资料的时候不知道资料的去向。例如，工程造价资料里的竣工图就有二套，一套由城建部门保管，一套由施工单位保管，这两套资料都是后期项目进行扩建、改造时，施工单位和城建部门的施工依据。

二、工程造价资料的管理方法

工程造价资料涉及面广，资料数据和图纸构成都比较烦琐，管理好这项资料需要一套行之有效的管理方法。管理方面可以采取声像资料管理方法，工程造价人员在施工建设前期，利用现代科技技术把城市的规划、建设、施工会议等重要的工程审议内容都拍成照片、录像，再用声音和文字对这些照片或者录像进行辅助说明。照片和录像在记录时要保持主体明确，不能后期加工，像素要达到500万以上，标注好工程项目的地点、周围环境、水电设施、外观、周边环境、设计单位名称、开工日期、竣工日期、占地面积等数据。

工程造价资料在收集过程中，必须通过计算机数据库来实现，相关技术人员通过WBS的方法和资料报送的渠道对各个阶段的资料进行整理，为工程建设过程中的各方主体提供依据。工程造价资料人员用工程分解结构的方法对工程、材料、设备的资料进行有效的管理。WBS方法包含三个阶段，前两个阶段是工程承包单位的项目编码，是承包单位在交付施工时的最小工作成果。这些编码都能确定出施工阶段的具体费用、制度和质量要求。交付成果能够更好地体现这些合同的运营成本和资源信息。整个工程资料管理也是围绕着工程交付成果展开的。工程造价的分类和编码在工程建设阶段是否能够应用，都是WBS构成因子起着关键作用。编码用于对室内环境、幕墙、土地沉降等工程的检测。在计算机上把工程承包下属单位分工好，就可以在计算机数据库里对这些单位进行编码管理。技术人员让计算机和工程造价资料管理相互结合，提高了工程造价资料管理的效率。

工程造价资料在收集时，要对工程的概况进行具体的描述。资料上要显示工程结构的质量、装饰标准、层高、工艺、地下室的深度。资料管理就是要把这些数据细致地收集起来，这样工程造价资料才显得有管理效果。对于后期的施工评价和分析施工数据都有帮助。对于一些审查后的资料，技术人员要填写各项接受说明，需要整改的及时要求相关部门进行整改。要在整个资料中记录好整改时间、工程整改报告，整改后检查人员出具的复检人员检查资料。这些资料都要依据当地的资料档案管理办法进行审核归类。

工程造价资料的管理是为了对工程建设的投资进行分析，为建筑工程的投资额度做一个宏观控制，为工程造价和在施工中的决策提供依据。在一项工程的投资估算指标、工程建设投资编制、设计施工方案、投标工程报价编制工程流程中都会以工程造价资料为参考数据。用现代的手段进行工程造价资料管理，可以建立资料库，后期也能让这些资料数据具有更加广泛的应用价值。

第六节　建筑工程检测试验资料管理

建筑工程试验检测资料是建筑工程归档技术资料中极为重要的一个部分，它是反映建筑工程施工过程中各个环节施工质量的基本数据和原始、法定依据，是反映工程质量客观真实的见证资料，是评价建筑工程质量的主要依据，是建筑工程综合评定质量等级的一项重要内容，更是竣工交付使用的资料的核心。做好建筑工程检测资料管理工作，对于确保工程结构安全和工程的使用有着重要的意义。

一、建筑工程试验检测的必要性

（一）保证投资者经济效益

工程效益就是建筑企业获取的经济效益，工程建设的质量直接决定着企业获取的效益。通过试验检测可以满足社会发展对工程的要求，提升企业的市场信誉，为其带来更多商机。同时，试验检测工作可以使建筑在满足人们功能需求的基础上，实现艺术的追求，为投资者带来巨大的经济收益。

（二）确保工程施工安全

随着建筑工程数量的逐渐增多，相应的安全事故数量也在增加，受到了社会各界人士的关注。国家针对建筑工程施工安全问题制定了一系列规章制度，为保证群众安全起到了重要作用。虽然有法制的约束，但是仍存在部分不法施工企业为追求高经济效益，在施工过程中投机取巧，缩减施工工序，偷工减料等，建成后的建筑为企业带来了短暂的经济效益，但是更重要的是影响了企业的市场信誉，对企业的长久发展造成不良影响。

二、建筑工程技术资料管理中存在的问题

（1）试验、检测资料不齐。建筑工程项目中，规范对各项原材料、分项工程的检测数据都有明确的试验和检测要求，所有的质量检测数据都应按照规程、规范要求进行送检、见证、取样和抽检。通过在施工过程中及时进行相应的检测，详细、准确地予以记录并妥善保管。原材料及成品、半成品进场时的质量一般是通过进场检验产品合格证、出厂检验报告反映的，但由于供应商不规范，出厂检验报告和合格证常常不能与进场材料保持一致，导致检测、证明资料不齐全，实际使用的材料与出厂证明的质量、规格等不一致，无法归档。如某工程进户门出厂合格证明上为丁级防盗门，而实际使用的却是普通的钢质门，钢板厚度也不足产品合格证上的规格；又如工程中经常会碰到送检的材料是正品，而使用的则是质量不同的材料，这类材料大多发生在电线、PVC 管材上；钢材送检中的炉批号很少能物、证对号等。

（2）资料信息不详、不全。现场抽样检测的分项工程部位、样品规格、取样地点等信息不详细，样品规格不明确、负工差已被生产商利用，资料中半成品未说明加工单位或加工企业无企业名称，导致无从追溯。

（3）取样频率、试验频率、检测数量不足。对于原材料试验、取样频率，桩基工程的检测数量等现行工程施工、验收规范都有明确规定。但施工现场极少能做到按规范进行取样、检测，从而出现取样不及时、少取样、取样代表性差等现象。如钢筋进场时分期分批、少数量进，而且炉（批）号不同，生产厂家、直径和钢种也不同，有时虽然生产厂家、炉号、直径等相同，但重量超过规定的数量只取一组试样，少于 60t 的漏取，数量更少的则不取等；桩基检测中为了节省检测费用，随意减少静载检测，动检中的三桩只检测一桩，且在检测中选择质量相对较好的桩等，代表数量的不确切，检测频率不足和有意识的选检等，若将这些材料用于工程的重要结构或部位中、在这些选检、少检、漏检的桩基中却是质量不合格的产品，都会给工程留下事故、安全隐患。

（4）资料书写和格式不规范。规范对试验、检测资料的书写都有严格的规定和要求，应按规定的格式填写、字迹清楚，采用黑色钢笔或签字笔、字迹清晰，如填写错误需更正时采用“双杠改”并加盖改正人的名（章），空白项目用“/”画掉，不能用涂改液进行修改。在很多施工资料中，有的字迹潦草，难以辨认；有的用圆珠笔书写；有的错了用涂改液随意改写等。

（5）试验、检测资料还有一个更为重要的内容，就是签字程序的合法性，所有试验、检测结果都必须是签字齐全并具有法律效率的。对于法定检测单位出具的检测报告不得

改动，如确实是检测单位改动的，必须加盖单位公章，对施工资料中采用的复印件应当加注原件的存放处。

（6）检测试验的取样及资料管理。随着高层建筑和大型建设项目的出现和增加，建筑工程从开工到竣工所需要的时间比较长、建筑用材的复杂性增加和新材料、新技术、新工艺的出现使检测试验项目增多。所以建筑工程检测试验资料的数量不断地增加和内容增多、变得复杂，这从某些方面也增加了建筑工程资料管理的难度，要求检测项目增多。施工过程中各阶段的检测资料繁多、跨时长，检测、试验人员变动和检测报告、取样数量、试验科目没有统一的编号和专人的管理则成为检测、试验资料管理不善的主要原因。

三、提高检测试验资料质量的方法与措施

（1）提高检测试验人员的职业道德基准和专业技术水平。检测试验的正确性很大程度上取决于检测试验人员的职业道德和专业技术水平能力。首先要按照规范进行检测、试验；其次按照正确的方法进行操作、分析、统计计算，得出科学正确的检测试验结果；最后按法定程序进行签字报告。公正、科学地检测试验，程序化、规范化地统计、计算、分析，合法、负责任地报告。

（2）检测应当按照施工质量标准规定的项目内容、频次进行，完善试验记录资料，确保检测试验结果正确，资料及时、真实，通过检测试验促进工程质量的提高。

总之，建筑工程试验检测是建筑工程质量安全保障体系中的一个重要组成部分。严格遵循规范要求是建筑工程检测工作的前提。在建筑工程试验检测中，材料问题、结构问题也经常表现出个性特征，因而检测方法也必须不断发展和创新，灵活运用检测方法，可以取得事半功倍的效果。

第五章　建筑工程项目资源管理

第一节　建筑工程项目人力资源管理

随着社会主义事业的蓬勃发展，我国经济产业的发展形势大好。其中建筑行业的发展势头尤为猛烈。而在市场规律作用下的建筑企业面临着越来越大的竞争压力。在这种情况下，就需要建筑企业设法提高自己的综合竞争能力，以实现自己的长远发展目标。而人力资源管理就是不容忽视的一个重要问题，应受到建筑企业的重视。本文就将针对当前建筑工程项目中人力资源管理工作存在的问题进行分析，并对改进措施进行研究。

人力资源管理工作作为建筑企业工程项目管理工作中的重要组成部分，其管理水平往往直接影响着建筑企业的发展。但是，当前建筑企业在人力管理工作上还存在一些疏漏，使其不能发挥出最大的效用，不能把将人才变为企业的主要市场竞争优势，已经成为影响建筑企业发展的重要问题之一。

一、建筑工程项目相关研究

（一）建筑工程项目的含义

建筑工程项目主要是指一个具有总体设计任务的，能够独立进行经济核算的，且具备独立组织管理形式的工程建设项目，而其中又涵盖了多个细化概念，具体包括工程建筑项目、单相工程、单位工程、分部工程与分项工程等。这些单相工程常常以组合的形式构成建筑工程项目，也就是说在建筑工程项目中大多是由一个或多个单相工程构成的。

（二）建筑工程项目的特性

建筑工程项目的特性主要体现在以下几个方面：其一，目标极为明确。其二，建筑项目工程是一个整体。其三，工程项目在建设施工中应遵循一定的程序。其四，建筑工程项目在施工中常常受时间、资源与质量等因素的制约。其五，建筑项目施工要求一次完成。其六，建筑工程项目受到多种风险因素的威胁。

二、人力资源管理相关研究

（一）人力资源管理含义

人力资源管理这一概念主要是指通过掌握的科学管理办法，来对一定范围内的人力资源进行必要的培训，进行科学的组织，以便达到人力资源与物力资源的充分利用。在人力资源管理工作中，较为重要的一点就是对工作人员的思想情况、心理特征以及实际行为进行有效的引导，以便充分激发工作人员的工作积极性，让工作人员能够在自己的工作岗位上发光发热，适应企业的发展脚步。

（二）人力资源管理在建筑工程项目管理中的重要性

人力资源管理工作作为企业管理工作中的重要组成部分，其工作质量会对企业的长远发展产生极为重要的影响。而对于建筑企业来说也是如此，在建筑工程项目管理中充分发挥人力资源管理工作的效用，就能够帮助企业累计人才，并将人才转化为企业的核心竞争力，通过优化配置人力资源来推动建筑企业的可持续发展。

三、建筑工程项目中人力资源的缺陷

（一）管理者观念的落后

自进入21世纪以来，我国科技事业的发展有目共睹，当前人们的日常生活已经受到了科技的极大影响，人们的生活方式已经发生了翻天覆地的改变。而随着社会的不断发展，各行各业在寻求可持续发展的道路上都应与时俱进地更新管理观念，特别是对于建筑行业来说，就目前而言，大部分建筑企业在人力资源管理工作中应用的管理观念都较为落后，不仅不能够对企业中的人力资源进行合理配置与培训，不能够为企业培养出精兵强将，同时还会因管理观念落后而严重阻碍对人力资源管理工作重要性的发挥，会对企业工作人员岗位培训与调动等产生不良影响。再加上，部分人力资源的管理工作人员缺乏对信息技术的正确认识，不能利用现代化的眼光对人力资源管理工作理念进行变革，不利于建筑企业的长远发展。

（二）人力资源管理体系的不完善

与此同时，当前我国部分建筑企业都缺乏对人力资源管理工作的重视，没有建立应有的人力资源管理体系，使得人力资源管理工作的开展无法得到制度保障。在这种不完善的管理体系指导下的人力资源管理工作质量也就不能得到有效保证。只有完善健全的人力资源管理体系才是彻底落实管理措施的基础，才能够为人力资源管理工作的进行保驾护航。还有的建筑企业建立了人力资源管理体系，但是没有及时对其进行更新与优化，使其不能满足当前人力资源管理工作的需求，也就无法为企业发展提供坚实的人力基础。因此，人力资源管理体系的不健全也是影响建筑企业人力资源管理工作质量的重点。

（三）缺乏完善的奖励机制

当前我国建筑企业人力资源管理工作大多还缺乏完善的奖励机制，而这一问题出现的原因主要在于部分人力资源管理工作人员忽视了奖金对工作人员的激励作用，不利用奖金来充分调动工作人员的积极性与工作热情，也就无法在建筑企业内部创造一个良好的竞争环境，不利于实现企业的长远发展。与此同时，还包括晋升机制的不完善。我国大部分建筑企业在对工作人员进行岗位晋升时都不重视对其工作绩效的考察，或是对其工作绩效情况进行了考察，但是并没有起到应有的作用，进而在一定程度上影响了工作人员的积极性，也就无法保证工作人员能够全身心地投入工作中，这对于实现企业经营发展目标是十分不利的。

四、针对人力资源管理改进措施的措施研究

（一）管理者观念方面

首先，基于管理观念落后对人力资源管理工程产生的不利影响，企业应重视对先进管理理念的学习与应用，摒弃传统落后的管理观念，为提高自身人力资源管理水平奠定理念基础。这就需要企业的人力资源管理者能够对重视对自身专业水平的提升，积极学习新的管理理念，并充分利用互联网信息技术等来进行人力资源管理能力的自我锻炼，以便为提高建筑工程项目人力资源管理水平奠定基础。

（二）管理人才培养模式方面

其次，建筑企业还可以从管理人才培养方面着手，通过提高管理团队的综合素质与专业水平来实现人力资源管理工作质量的提升。由于工作人员是建筑企业开展人力资源管理工作的主体，因此其素质状况直接影响着人力资源管理工作效果的发挥。再加上，建筑工程项目管理中的人力资源管理工作量较大，工作内容较为复杂，这些都要求人力资源管理工作人员应具备较高的素质与水平。

（三）建立健全的人力资源管理体系

再次，企业还应重视对科学人力资源管理体系的建设与完善。因此，企业应重视对人力资源管理体系的建设与完善，以便为当前的建筑企业人力资源管理工作提供方向性

的指导。在这种情况下，就需要相关工作人员适当地借鉴一些成功经验，在经验引用过程中应重视遵循企业自身实际情况，避免出现不伦不类的问题。只有建立一套符合企业发展规划的人力资源管理体系，才能够确保人力资源管理工作的开展是极度贴近企业发展目标的。

（四）建立完善的激励机制

最后，建筑企业还应重视对激励机制的建立与完善，以便能够充分调动工作人员的积极性。这就要求企业应将工作人员的工作绩效与薪资水平挂钩，从而激发工作人员的主观能动性。同时，还应对工作态度认真且有突出表现的工作人员给予口头表扬等精神层面的鼓励，进而在企业内部形成一种积极向上、不断提升自己能力的工作氛围。此外，企业还应将工作人员平时的绩效考核情况与其岗位升迁等进行紧密联系，并重视对人才晋升机制的完善与优化，引导工作人员实现自主提升，并逐渐推动企业的健康发展。

综上所述，随着市场经济体制的逐渐深入，建筑企业间的竞争也变得越来越激烈。在这种大环境下，就需要企业重视对人力资源管理水平的提升，应针对当前实际存在的问题来采取一些改进措施，以便充分发挥人力资源这一竞争优势，进而推动建筑企业的健康发展。

第二节　建筑工程质量监督行业人力资源管理

目前，人力资本已成为各企业发展的重要资本，日益受到人们的关注和重视。建筑企业作为国民经济体系的重要组成部分，是国民经济发展的支柱性产业之一。在通常的观念里，我国人力资源数量大、劳动力价格偏移，但随着社会和公众对建筑质量要求的不断提升，这些所谓的优势并未得到充分发挥，同时面临着建筑工程质量监督人力资源素质低、科技含量低等问题，故加快人力资源的开发与管理，已经成为建筑行业的一个共识。本节主要对建筑工程质量监督行业人力资源管理存在的不足及相关措施进行分析，以提高建筑业人力资源的质量和实力。

改革开放以来，我国国民经济呈现高速发展的态势，特别是建筑业、房地产业对经济发展起到的作用日益明显，奠定了其支柱产业的地位。基于这一重要性，建筑工程质量监督站已初步形成完善的省、市、县区级工程质量监督管理网络，但当前的社会监管体系是在计划经济条件下形成的，比如监管资源相对分散、监管过细等，无法形成有机的统一。因此，当前建筑工程质量监督行业人力资源机制与管理模式上仍存在诸多不足之处，构建完善的人力资源管理模式，对于增强建筑行业的核心竞争力具有十分重要的意义。

一、人力资源管理的概述

从企业管理的角度来说，人力资源是指由企业支配并加以开发，依附于企业员工个体的，且对企业效益与发展具有积极作用的劳动力的综合。人力资源管理以开发和合理利用人力资源作为基本内容，通过控制、组织、协调和监督等手段对人力资源进行开发整合，以充分发挥企业团体的作用。

人力资源管理与开发的必要性主要体现在以下几点：

（1）是现代化大生产的要求。在现代化的大生产中，员工职业技能的教育和培训已成为现代企业进行生产经营活动的基础，也是现代化大生产的客观要求和必然产物；只有通过培训和开发，员工才能掌握、熟悉并提高自己的技能，参与复杂的劳动协作和企业的管理工作；

（2）是迎接新技术革命挑战的需要。当今社会已进入了信息社会和知识时代，技术更新、产品更新、设备更新、管理更新的速度大大加快，企业要想在激烈的市场竞争中立于不败之地，就必须适应并跟上科技发展的步伐，不断充实、更新和提高员工的知识、技能、素质，而上述这些方法只有通过人力资源的合理开发和管理才能实现；

（3）是提高劳动生产率和经济效益的重要手段。员工在生产过程中学习新技术能增加员工的个人能力提高劳动熟练程度，从而提高劳动生产率；通过人力资源的开发，员工更新了知识，提高了技能水平，产品质量会大大提高，企业的管理水平也会有很大提高，从而增强了企业的整体竞争实力。

二、建筑工程质量监督人力资源管理中存在的问题及原因

（一）监督结构设置不合理

目前，我国地级质监机构（除省级质监站是独立的外）大部分是事业性质、企业化的管理模式。质监部门由市政府部门发文设立和定编，故建筑工程质量监督结构的人员相对紧缺，人事部门大多是根据本单位的情况灵活设定的，基本上是由办公室兼任。多数质监站基本上都是设立劳资与人事两块机构隶属于办公室，其中的矛盾也日益突出，比如一个人事部门，在人员、编制不变的情况下，除了要管理干部劳资工作以外，可能还要负责向各级或各部门上报各类统计报表，管理各种保险、住房基金、职工培训等工作。这种情况下，由于事务繁杂，管理部门往往疲于应付，造成人力资源管理效率低下，进而导致人力资源管理的弱化。

（二）人力资源管理目标不清晰

在人力资源管理上，观念落后、理解狭隘等均会导致人力资源管理工作的随意性，进而造成规划及目标不清、职责不明。诸多建筑工程质量监督结构在招聘人员时，明确了本单位本科生应达到多少人、高级职称人数应占多少比例等简单要求，但在实际操作中，这一要求离人力资源管理所要求的组织分析、岗位调查、岗位分析、岗位评价、配置机理、绩效薪酬、激励机制、考评体系等相比有很大的差距。

在管理人员的观念里，通常认为人力资源的开发与管理只是人事、办公室或某一级领导的事情。由于这种认识不足、理解偏差，部门或单位的管理者主动参与人力资源管理的积极性不高，进而缺乏与人力资源管理机构的沟通与协调，形不成合力，呈现出一种置身事外的“旁观效应”。而事实上，人力资源管理是一项复杂的系统工程，除了要做好整体性规划外，还需要机构领导和各职能部门的通力合作，例如：某部门空缺一个职位，而某员工申请了却未获批准，其在日常工作中会表现得较为消极，影响了工作情绪。若提出一套完善的提升政策，员工可以在组织中实现职业发展，则员工对组织就会产生更强的忠诚感和献身精神。

（三）管理工作缺乏创新性

质监机构人事的重大决策权集中在政府行政部门，在机构设置、干部任免、职工进出、工资标准等方面的自主权不够，大都还是沿用传统的劳动人事管理模式，多为被动的“管家式”管理，根据上级劳动行政部门的工作部署和要求，以站劳动人享事务性管理为主制订工作目标。工作范围仅局限于上级部门的框框内，如人手不够时招聘员工，需打报告请示上级领导及主管人事部门通过层层批准，给指标方可进人等。而人力资源管理应更加注重整个人力资源的供需平衡，对该项资源进行合理配置，实行主动开放式的系统管理。

四、关于做好建筑工程质量监督行业人力资源管理的建议

（一）合理设置监督机构，提高人力资源管理效率

明确当前的质监机构人力资源管理仍处于传统人事管理阶段，多数管理人员并未对人力资源管理有着一个深层次的认识和了解，故应强调重视对物的管理转变为对人的管理，决策人员应转变观念、解放思想，意识到人力资源是单位的第一资源，将人力资源管理作为各级管理人员的职责，为单位人力资源管理发展奠定一个可靠的基础。同时还应加强和完善人力资源管理，构建完善的人力资源管理体系，成立具有战略意义的人力资源部门，该部门要求具有专业人力资源能力的人员担任，且人员应具备以下条件：熟

悉机构的业务；在机构中享有良好的个人信誉；能熟练掌握和应用现代人力资源管理的手段；熟知如何能推动机构的变革与重组等。

（二）坚持与时俱进，加强人力资源的开发

目前，管理水平和技术已成为决定建筑工程质量监督行业生存与发展的重要资源，人作为技能与技术管理的主体，其主动性、积极性和创造性的调动与发挥可直接决定着企业在市场中的竞争能力，最终决定着建筑工程质量监督机构的生存与发展。因此，需要树立以人为本的管理思想，高度重视人力资源的开发与管理。从当前的建筑工程质量监督结构的体制与现状来看，要想留住人才，应与其建立一种承诺和心理上的契约：

（1）承认人才的表现，为其提供创业、发展与参与的机会；

（2）营造宽松的工作氛围，使其能够把握住自己的生涯规划；

（3）改革物质激励的方式，创造更合适的激励工具，增强员工的事业使命感；

（4）提供公众广泛认知的奖励，满足人才的真正工作需求、成就感和事业地位感，以实现其工作的稳定。

（三）改善工作方法，注重工作的信息化发展

信息化时代的到来，使得人力资源管理的灵活性增强，比如可通过网上沟通、网上招聘的方式对人力资源进行管理，以提高人力资源管理工作的效率，确保人力资源管理者能将精力聚焦在更重要的管理工作方面。同时也可利用一些行政工作分包给专业化的公司来执行，由此，企业组织机构可由复杂化向简单化过渡，由金字塔向扁平化发展，增强员工工作时间的弹性及工作内容的选择性。

（四）塑造机构的社会形象，培育良好的企业文化

建筑工程质量监督行业应意识到当前建筑企业的竞争已逐渐由产品竞争上升到品牌竞争，质量监督行业要想在激烈的市场竞争中站稳脚跟，应以“诚信”“效率”为基础和核心的市场经营观，努力树立“信用就是生命，精品就是市场”“求实守约、追求卓越”等先进的理念，依靠企业文化的建设，来改变队伍作风，提高管理水平，提高工程质量，增强社会信誉。

总而言之，建筑行业应将人力资源管理作为支持建筑工程质量监督机构长远发展的战略性力量。在企业使命、经营战略、核心价值观的指导下，使其能与组织机构、企业文化紧密结合起来，以达到能在短时间内提升企业业绩的目的，进而逐步实现企业长期战略性发展的目标。

第三节　建筑工程施工企业现场的人力资源管理

做好建筑施工现场人力资源管理工作，对建筑施工企业来说具有重要的意义。良好的人力资源管理，能够合理调度施工人员进入合适的工作岗位，确保工程进度和施工质量，保障施工有序进行，防止出现安全事故。本节针对建筑施工企业人力资源管理的特点以及存在的问题，提出相对应的策略，以供参考。

当前，各个企业的竞争已经从单纯的产品竞争逐步转向人才的竞争，人力资源管理也是提高企业竞争力的关键。建筑企业要想发展壮大，必须重视人力资源管理。在建筑施工企业现场的人力资源管理中，还存在一些缺点和不足，这与建筑企业人力资源的特点有直接关系。因此，要不断健全完善管理制度，促进企业的健康发展。

一、建筑施工企业人力资源的特点

建筑施工企业人力资源构成具有复杂性。建筑施工企业现场的人力资源管理较为困难，其原因主要在于人力资源构成复杂。有很多施工工人虽然具备丰富的施工经验，但知识水平较低、学历不高；还有的工人是辍学的年轻人，他们虽然具备一定的知识水平，但缺乏工作经验。还有部分建筑施工企业引进了专家型的管理和技术人员。正是这些不同层次的员工拥有的不同特点和不同价值目标构成了建筑施工企业人力资源系统的复杂性。

建筑施工企业人力资源具有流动性。建筑施工企业以承建各种建筑工程项目为主，因此，一般没有固定的生产场所，人员流动性非常大。每个工程项目的规模大小不同，也使得人员构成不同，依据每个工程项目规模分配员工，施工企业的员工具有很大流动性，也使得企业人力资源管理的特点凸显出不确定性。

建筑施工企业人力资源评价信息收集具有困难性。因为建筑施工企业的项目较多，并且分布较为分散，全国各地甚至国外都存在施工项目，有的工程项目环境较为复杂、地理位置偏僻，这些因素都给人力资源评价带了来困难。有时信息难以及时传递到企业的人力资源管理部门，使得信息的获得有明显的滞后性，给人力资源的管理工作带来很大困难。

二、建筑工程施工企业现场人力资源管理意义

做好建筑施工现场人力资源管理工作，对于建筑施工企业来说具有重要的意义。首先，良好的人力资源管理，能够合理调度施工人员进入合适的工作岗位，确保工程进度和施工质量。其次，能够有效避免施工现场混乱的状况，保障施工有序进行，防止出现安全事故。最后，科学的人力资源管理，能够减少施工资源的浪费，节省施工成本。因此，建筑工程施工企业现场人力资源管理对保证建筑施工质量、提高建筑施工管理力度来说都是十分必要的。

三、建筑工程施工企业现场人力资源管理存在的问题

员工综合素质欠缺。大多数建筑施工企业拥有的人力资源种类有限，因为缺乏技术指导和高级人才导致工程进度缓慢的情况时有发生。并且，由于各企业对高新技术人才的竞争激烈，有些企业的人才流失现象比较严重，很多企业都面临着员工年龄老化、现场施工人员技术不足等问题。

员工现场流动性强。在现场施工过程中，由于项目工程地点多变，施工企业的设备和员工，很多都不能随着施工场所的变动而变动，因此，施工企业大都采取临时聘任的人力资源策略。这种方式造成员工的流动性非常大，给人力资源管理也带来较大困难，施工现场也容易显得混乱。

人力资源管理缺乏长远规划。由于建筑施工企业的员工较多，一线施工人员文化水平较低、流动性强，企业在进行人力资源规划时，大都采取短期目标，而缺乏长远的规划。对于每个岗位的人员要求，缺乏一个科学合理的规划，对部门与部门之间的沟通缺乏协调性，对各部门内部的业务流程缺乏必要的规范，对人才的使用缺乏必要的统筹安排。因此，给建筑施工企业的人力资源储备带来了不良影响，也容易造成人力资源的浪费和流失。

缺乏有效人才评价标准。对于建筑施工企业，由于其工程管理上存在一定的地域性，很多企业的人力资源管理难以实现及时有效的评价。例如在交通位置不便的地区，由于条件限制，人力资源管理有一定难度，不能及时对员工进行绩效考核，造成反馈不及时，员工也容易产生不满情绪。同时，在对人力资源评价指标的制定上，也难以实现有效贯彻和执行。

四、建筑施工企业人力资源管理工作提出的应对策略

重视施工现场的人才选拔储备。施工现场需要大量的管理人员和技术人员，建筑施工企业应当重视这类人才的选拔储备。首先，建筑企业可从高等院校招聘相关专业的专业技术人才，避免施工工地上出现管理高级、技术低级的现象；其次，要注重对员工进行施工实践的培养，使其具备一线工作经验，将专业技术与实践结合起来。此外，企业人力资源管理部门要建立人才动态管理库，对每项工程的人才实施动态考评，根据表现进行使用和培养。

完善管理制度和企业文化。完善的人力资源管理制度能够为人才的管理提供依据和保障，是建筑企业人力资源部门不可忽视的。健全完善的管理制度可以充分调动员工的工作积极性和主动性，提高施工质量。同时，企业文化建设也是必不可少的，好的企业文化，能促使员工产生文化认同感及强烈归属感，使企业士气高涨，为企业提高绩效，为保留优秀员工及吸引外面的优秀人才起着很大的作用。企业要积极营造积极向上的企业文化氛围，使员工树立爱厂、爱岗、敬业的工作态度，只有建立完善的管理制度和企业文化，才能有效留住高素质人才。

做好人员的流动工作。做好员工流动工作，要注意分析员工流失的原因，从企业的工作环境、岗位要求等方面来思考。企业应当与员工积极进行沟通，避免员工由于误解而对公司产生抵触情绪，进而影响工作质量并导致人员流失。针对员工的问题，要采取相应的管理措施，提高员工的个人价值，从生活上解决员工的切身问题等，最大化地为员工的成长创造有利的发展环境。

重视人力资源的协调与配置。做好人力资源的协调配置，能够有效减少人才浪费，保障每个人的才智都能有发挥的途径。首先，要对企业的每个员工进行分析建档，对知识水平、工作经验、专业节能以及职业道德等方面进行考察，结合员工的工作情况进行科学分配，科学合理地进行人力资源管理。人力资源的协调配置能够为企业的健康发展注入新的活力，更能从人力结构的调整中促进人力资源的开发。另外，要注重定期开展员工满意度调查，通过收集员工反馈的问题来调整人力资源管理方式，制订相应的人力资源配置计划，对人力结构进行全面的分析，并充分考虑岗位与员工之间的对接难度，从而避免不必要的混乱。可见，重视人力资源的协调配置，能够有效保障企业的管理健康有序开展，并为企业的发展提供动力。

综上所述，建筑施工企业现场人力资源管理具有自己的特点和缺陷，因为建筑施工企业的项目较多，并且分布较为分散，全国各地甚至国外都存在施工项目，有的工程项

目环境较为复杂、地理位置偏僻，人力资源管理具有复杂性、流动性和困难性的特点。因此，要针对存在的问题和特点，及时采取有效的应对措施，结合员工的工作情况进行科学分配，对人力结构进行全面的分析，科学合理地进行人力资源管理，保障建筑施工企业的健康发展和效益提升。

第四节　建筑工程企业人力资源管理效能的评价

改革开放四十年来，我国建筑业快速发展。如今，在建筑工业化时代，人力资源的作用越发重要，有些建筑企业人力资源管理模式比较落后，会影响企业持续健康发展。本节通过文献研究和理论分析，基于人力资源记分卡模型，融入创新、协调、绿色、开放、共享五大发展理念，重新设计建筑企业人力资源管理效能评价指标体系，利用 AHP 层次分析法确定指标权重；并以 HT 公司为例进行实证研究，提出对策和建议：科学设计薪酬福利体系，优化企业组织管理结构，实施人力资源的精准管理。

实行改革开放以来，我国建筑业发展迅速，对城乡建设和民生改善贡献很大，已成为国民经济的支柱产业。但是我国建筑业仍然大而不强。2017 年 2 月，《国务院办公厅关于促进建筑业持续健康发展的意见》提出，要打造“中国建造”品牌，在人力资源管理开发方面，要求强化队伍建设，加快施工人员职业技能培训，以便提高工程质量安全水平，促进建筑业持续健康发展。

对于建筑工程企业，以工程项目为中心，但项目组织具有临时性与开放性的特点，工程项目活动结束以后，项目团队成员就要自谋发展。由于工作地点不断迁移，施工作业环境比较艰苦，因此员工技能素质参差不齐，人力资源管理工作事务繁杂。如何培养工程管理技术人才，建立内部公平竞争激励机制，让大家安心而快乐地工作，提高劳动生产效率，是摆在建筑企业面前的重要课题。

一、人力资源管理效能评价研究综述

所谓人力资源管理效能，从组织行为学角度，Ultich 将其定义为“人力资源管理职能或部门服务对象对人力资源管理职能或部门的感知”。

现在人力资源管理效能评价的方法有十多种，主要包括人力资源会计、人力资源关键指标、人力资源指数问卷、人力资源利润中心、人力资源计分卡等。

国内对人力资源管理评价的研究开展较晚，赵曙明等结合中国企业的实证研究，基

于 Frederiek E.Schuster 设计的人力资源指数问卷，设计出适合中国企业的人力资源指数测评方法。

吴继红、陈维政、吴玲介绍了人员能力成熟度模型的概况以及基于人员能力成熟度模型的人力资源管理系统评价方法。谢康、王晓玲等从人员成熟度角度，提出人力资源管理质量评价模型。

苏中兴通过分析社会转型期的中国管理情境，构建了中国企业的高绩效人力资源管理系统。曹晓丽、林枚从战略、运营、客户和财务四个方面出发设计指标体系，构建人力资源管理效能计分卡模型来评价人力资源管理效能。

肖静华、宛小伟、谢康基于高绩效工作系统和人力资源管理效能假设，提出企业人力资源管理质量 (HRMQ) 评价模型。张会芳建立了基于灰色理论的建筑施工企业人力资源管理效果评价模型。

对于人力资源管理效能的研究，国内外学者的研究比较系统全面，但实践验证相对不足。尤其对于建筑企业人力资源管理效能评价来说，这是值得深入思考的领域。

二、建筑企业人力资源效能评价指标体系

企业人力资源管理效能评价主体，主要包括高层管理者、人力资源主管和直线部门主管，也有很多大型企业聘请管理咨询公司进行第三方评价。

人力资源管理效能评价客体，是企业人力资源的管理过程及其效果。管理过程可以分为人力资源规划、招聘与配置、培训与开发、绩效管理、薪酬激励、员工关系管理六大模块；管理效果就是调动员工积极性，充分发挥员工潜能，为企业创造价值。

人力资源记分卡 (HRSC) 是由布莱恩 · 贝克 (Brian Becker)、马克 · 休斯里德 (Brian Becker) 和迪夫 · 乌里奇 (David Ulrich) 于 2001 年在平衡计分卡的基础上提出的，他们设计出了将人力资源管理植根于公司战略的七步程序，明确了人力资源在战略中的角色，并依此对企业的人力资源管理进行评价。

曹晓丽、林枚的人力资源管理效能评价模型，从战略、运营、客户和财务四个层面对人力资源管理进行管理效能评价。

傅飞强借鉴平衡计分卡和杜邦分析法的原理，构建了人力资源效能计分卡模型，该模型也从战略、运营、客户和财务四个层面对人力资源效能进行评价。

经过理论分析和文献研究，本节基于人力资源记分卡理论，融入创新、协调、绿色、开放、共享五大发展理念，并结合建筑工程行业的施工组织和人力资源管理特点，从效益、流程、客户、学习四个维度，选取经济效益、社会效益等 12 个一级指标，建立建

筑企业人力资源管理效能评价指标集合。

常用的指标赋权方法有：统计平均法、变异系数法、层次分析法、德尔菲法和排序法。层次分析法（简称 AHP）是一种定性与定量相结合，系统化、层次化的权重确定方法，可以使评估过程具有较强的条理性与合理性。

通过仔细比较各种评价指标赋权方法的适用情景，本节采用层次分析法进行指标赋权。首先，在上述企业人力资源管理评价指标体系的基础上，构建层次结构模型。根据 AHP 1-9 标度说明设计问卷调查表，邀请安徽省内建筑工程领域人力资源管理专家 5 人参与分析，将调查问卷表发送给他们，请其就指标层、准则层、子目标与目标层之间的重要性进行两两排序，填入比较矩阵；计算每一矩阵中每一项因素的平均值，将该平均值作为两两比较矩阵的标准值，这样可以更加客观地反映指标因素的重要性。

第五节　建筑工程建筑市场资源要素准入管理

水电工程是技术密集型、劳动密集型、资源密集型行业，投入的队伍、人员、物资、设备等资源要素种类多、数量大，施工环境复杂，风险因素多变，对建筑市场资源要素准入管理要求严格。资源要素准入管理以现行法律为基础，以要素属性为标准，充分利用大数据、云计算、智能化等技术，确保合法地与合格的人员、队伍、物资、设备等资源要素进入工程现场，严格规范资源要素在既定时间、空间中发挥作用，确保工程建设质量、安全、进度、造价等管理项目可控受控。

大型水电工程资源要素主要包括单位、人员、物资、设备，资源要素准入管理是项目全周期管理的基础环节，是规避和防范转包、违法分包、挂靠等各类违法行为的防火墙，关系到整个工程建设的质量、安全、进度及整体工程建设总目标的实现。为此，企业需要建立建筑市场综合管理平台，以大数据、云计算、物联网等技术为手段，将法律的、行政的、合同的、企业内控的管理要求通过技术手段和智能化管控落到实处，确保工程建设有序开展。

一、传统建筑市场资源要素准入管理面临的形势

资源要素准入管理难。传统的建筑市场管理依托人工，信息收集与反馈途径单一，主要靠各单位定期报送相关表格及申请单，如果只靠人来管理、控制，势必要派出大量的项目管理人员、监理人员去值班、站岗、登记、检查、对比、分析、判断、决策，还

要注意解决许多人情世故、主观过错带来的问题，合规性审查的成本、代价十分高昂，且效果不明显。同时，无法从单位、人员的多属性划分管理中找到切入点，管理的针对性和有效性缺乏，导致建筑市场管理效率、管理覆盖率、管理水平不高，为工程质量、安全、进度等留下了管理隐患。

违法分包管控难。建筑施工项目规模大、专业多、分工细、技术复杂，施工过程中需要多单位协同，需要大量技术、管理和作业人员的参与，需要投入大量的物资、材料、设备，存在大量的分包。分包的过程又是一个复杂且充斥着各类风险的过程，程序违规、利益输送等问题都容易造成分包管理失误，造成质量、安全、进度管理的失控，最终可能导致整个工程项目的失控。

资源要素多属性管理难。大型水电工程物流（材料、设备）、人流（民技工、技术工人）、交通流（施工机械、车辆）、资金流（现金、电子货币）、信息流（合同、档案等）的复杂流动状态，现场作业面的交叉运行状态，以及人员的主观意识、设备的安全隐患等不可控、不确定状态的交叉融合，决定了大型工程现场管理是一项复杂的系统性工程，对信息化、智慧化管理有着极高的内在要求。

合同履约管控难。质量方面，施工单位无资质、借用资质或超越资质等级地承揽工作，不具备具体作业的实力和能力，偷工减料，不严格落实质量“三检制”，质量、安全、技术、生产“四体系”管理不规范、不按要求在施工现场配置项目经理及质量、安全、技术、财务负责人等“五大员”，安全生产责任制落实不到位，造成了工程质量、安全管理的隐患。

现场作业协调难。大型水电工程现场作业环境复杂，作业面多位于高边坡、地下洞室、高山峡谷，安全风险源较多。同时，由于多作业面同时开工，交通路线交叉、地下洞室交叉、机械设备交叉、输电线路交叉、人员流动交叉、高空作业交叉，情况十分复杂，对资源要素的系统管理和系统控制有较高的要求。

二、大数据共享平台背景下资源要素准入管理

依托资源要素多属性划分实现资源要素建筑市场准入合规审查。资源要素多属性划分的目的是解决准入复核的关键控制点问题，即明确准入审核把关的具体内容和重点、难点。首先，建筑市场准入审核的关键，是要解决进入建筑市场的队伍、人员等要素的合法性、合规性问题。要按照法律、法规、招标合同文件的要求，对队伍、人员的属性进行细分，明确准入审核的关键控制点，并将其作为合规审查的依据。如将队伍的属性按照类别属性、经济属性、社会属性、资格属性、业务属性、时间属性、质量安全属性来划分，明确审核的关键控制点。

依托政府、企业大数据共享平台实现资源要素建筑市场准入的精准控制。依托政府、企业大数据共享平台解决信息识别的问题。以政府工商、税务、住建等部门信息系统采集的数据为基础数据，以水电工程企业资源要素信息系统平台采集的数据为待核数据，通过企业、政府平台的对 接，在企业目标审核平台中设定条件参数（招标、合同条件等），实现待核数据与基础数据的实时自动比对，及时、有效、准确地验证资源要素的工商注册信息、资格信息、信用信息、违法犯罪信息、行政处罚信息、安全事故信息等，实现建筑市场准入的精准控制。

依托资源匹配识别与同一认定等技术实现资源要素作业区的精准准入。资源要素作业区精准准入是在建筑市场准入的基础上，根据施工合同要求、施工组织设计、施工工序及进度安排，通过总承包单位规划、监理单位符合、业主单位（或项目管理单位）逐级审定的施工计划。通过身份证数据采集系统、人脸指纹识别系统、施工管理手持终端等建筑市场信息集成系统对基础数据、动态数据、环境数据进行多次相互认定校验，实现对人员、材料、机械、设备的精准投入，以有效应对质量、安全、进度的管控风险。例如在对人员作业区精准投入管理中，通过身份证数据系统、人脸指纹识别系统、施工管理手持终端系统等进行复核验证，对其身份证、登记照、准入照、动态照进行复核验证，通过三次同一认定，核实作业人员的安全状态（是否进行岗前教育）、绩效状态（是否符合工作计划）、时间状态（工作时间、非工作时间）、要素真实性（是否非本人、本单位）等，避免未采集信息人员进入施工作业面，确保资源要素进入施工作业面的时间、空间合规性，监控资源要素在作业面的状态，实现动态预警。

三、大数据背景下的资源要素准入管理

以三峡集团公司工程建筑市场管理系统为例，建筑市场信息系统综合考虑资源要素的属性、合同管理范围和合同项目对应的资源要素需求、进度、施工时间和地点等，巧妙灵活地设置不同的系统，并合理、有机地把它们组合在一起，形成一套完善的资源要素准入管控系统。方案包括建立身份信息识别录入系统、信息对比系统、出入口控制系统、现场识别系统、智能分析系统、建筑市场集成联动管理平台。

（一）资源要素多属性准入复核

以三峡集团公司建筑市场准入管理为例，一级准入解决资源要素进入建筑市场过程中人、设备、材料、车辆等要素的必要性、合法性、合规性问题，即按照当前法律法规及三峡集团《分包管理办法》，依据总承包合同及合法的分包合同对资源要素的需要，确保合格的人、合格的单位、合格的物资材料、车辆设备等资源要素进入水电工程建筑

市场。同时要求以基础数据的真实性、及时性、准确性为基础，为后续资源要素的二级准入及实时管理提供基础数据。

队伍的建筑市场准入管理。队伍准入关键在于根据承包商、分包商、供应商等队伍的多属性特征，对队伍的类别属性、经济属性、社会属性、资格属性、业务属性、时间属性、质量安全属性等进行审核，确保与招标、合同及现场管理的要求投入的要素保持一致。为此，结合建筑市场法律法规管理要求及三峡集团《分包管理办法》的规定，对关键控制点建立登记和审批流程。

人员准入管理。依据三峡集团《分包管理办法》及国务院办公厅关于建立全国建筑工人信息平台的相关要求，在三峡集团建筑市场信息系统中的开发人员准入管理模块，通过身份证阅读器自动采集或人工采集人员基本信息功能，对业主、设计、监理、施工及协作队人员基本信息进行录入管理，对特殊工种人员及监理人员资质进行管理，对协作的人员食宿信息、合同签订情况、体检信息、培训信息、保险信息、工资发放及劳保用品发放等“七统一”信息进行管理。针对以下关键控制点进行管理：一是关键管理人员的准入管理。关键管理人员的准入是指对法律规定总承包单位、专业分包单位“五大员”(项目经理及质量、安全、技术、财务负责人)，及施工员、质量员、安全员、标准员、材料员、机械员、劳务员、资料员等现场重要管理人员，以及现场作业中的特殊工种的准入。根据《分包管理办法》要求，建立人员资质信息数据库，对关键管理人员的资质、劳动合同、社保关系、培训背景的真实性、合法性、有效性进行审核，确保主体的合格、合法。二是对民技工的准入管理。民技工个体的准入，按照三峡集团《分包管理办法》及民技工“七统一”(统一用工、统一体检、统一食宿、统一培训、统一劳保、统一支付、统一表彰)要求，在建筑市场信息系统中分别建立了劳动合同数据模块、体检信息模块、保险信息模块、工资发放统计模块、培训统计模块、纠纷解决模块，将系统应用与建筑市场的日常管理结合起来，每季度通过系统生成各施工区《建筑市场管理季报》，及时掌握施工区人员信息，有效防止安全事故及劳资纠纷的发生，维护劳动者的合法权益。三是黑名单信息管理。建筑市场动态管理过程中发现未定期进行安全培训、未按要求统一体检、未配备统一劳保用品、特种作业人员资质造假或过期等情况时，系统应做出清退相关人员的提示，管理人员应当做出相关处理。

车辆、设备准入管理。在建筑市场信息系统中开发设备、车辆管理模块，对施工单位投入的车辆、设备等进行审核登记，确保合格的车辆、设备进入施工区，便于对施工资源投入情况进行统计，便于为实现车辆、设备的定位及实时管理提供基础数据。关键控制点：一是车辆、设备信息录入的完整性。通过设置设备、车辆信息管理模块，对承包单位、分包单位、货物供应商等单位的进场设备、车辆信息进行录入，建立施工区车辆、设备基础数据库。二是车辆、设备的合法性、安全性。在设备、车辆准入模块中，对车辆出产证明、保险证明、年检证明经坝区公安机关审核后录入系统，必要时可以与公安系统进行对接并做出自动审核，其依据作为核发一级准入通行证的依据，并为后续作业区准入提供基础数据和判断。

材料、物资建筑市场准入。以TGPMS系统物资管理模块为基础平台，基于物资采购、验收、调拨、核销等系统管理流程，对入库的材料、物资的厂家、数量、规格、验收证明、运单进行审核，对符合工程计划采购的材料、物资予以办理准入。

（二）资源要素作业区准入

资源要素二级准入控制的关键，在于按照实地、实据、实时、实物“四实化”管理要求。基于资源要素一级准入(TGPMS建筑市场、物资管理模块)中已有的人员、车辆、设备登记信息，利用标准流程全过程在线签证系统，将资源要素、时间、地点三要素与岗位职责相匹配，即特定人员、车辆、设备、材料必须在指定位置和规定时间内完成数据采集、表格填写及审验签字确认等工作，对不合规的资源要素及时清退，从而实现施工现场最基础且真实可靠的质量管控目标。重点核查进入特定施工区域的人员身份、岗位、资质，车辆保险、行驶证的有效性以及物资材料的质检、数量等信息与该部位的准入条件相符，以实现合规的资源要素在要求的地点按照既定计划发挥合规的作用。

人员作业区准入。一是对关键管理人员(五大员及关键作业人员等)的二级准入管控。关键管理人员完成一级准入后，按照施工计划在现场作业面进行二级准入时需通过指纹打卡、刷卡、人脸识别等管理手段或技术手段实现系统自动校验和预警监控，确保关键管理人员按照管理要求在现场履职。对项目经理等重要人员在未经备案或许可的情况下离开施工区现场的情况进行实时监控。二是对民技工的二级准入管控。以民技工建筑市场一级准入时“七统一”管理模块录入的数据为基础，按照分包单位、总承包单位、监理单位共同认定的当日用工计划，对进入现场作业面的民技工通过指纹打卡、刷卡、人脸识别等管理手段或技术手段实现系统校验，对其资格、培训、健康、保险、违法犯罪记录等信息进行校核。符合要求的系统自动放行，不符合要求的系统做出报警提示，由管理人员(监理人员或业主代表)进行复验，并根据规定做出该人员能否进入作业面的决定，并在系统中做出说明以备查验。

车辆、设备作业区准入。以建筑市场设备、车辆管理模块一级准入录入的数据为基础，按照分包单位、总承包单位、监理单位共同认定的当日设备、车辆使用计划，对进入现场作业面的设备、车辆通过刷卡、电子标签、自动识别系统等技术手段实现系统校核，对其出厂合格证、保险、行驶证、违法犯罪记录等信息进行校核。符合要求的由系统自动放行，不符合要求的系统不予准入并做出报警提示，由管理人员(监理人员或业主代表)复验，并根据规定做出该车辆、设备能否进入作业面的决定，在系统中做出说明以备查验。

物资、材料作业区准入。以TGPMS系统物资管理模块入库的物资、材料数据为基础，按照分包单位、总承包单位、监理单位共同认定的当日物资、材料投入计划，以特定数量的车辆装车，对进入现场作业面的运输车辆通过刷卡、电子标签、自动识别系统等技术手段实现系统校核，核实特定车辆上特定物资名称、规格、数量及质量验收等情况，符合既定标准的，允许准入作业区，不符合的系统则不予准入并做出报警提示，由管理人员(监理人员或业主代表)进行复验，并根据规定做出该人员能否进入作业面的决定，在系统中做出说明以备查验。

建立大型水电工程建筑市场综合管理平台，以大数据、云计算、物联网等技术为手段，通过对资源要素准入管理中的关键控制点和重大风险点进行有效识别、评价，实现企业内部系统平台与政府信息系统平台数据共享、比对、分析、判断，实现建筑市场准入管理的智能化，形成全天候、无死角的实时监控管理，解决资源要素不确定、不可靠的问题，解决工程建设的合规性问题，为工程建设保驾护航。

第六章　建筑工程造价基本知识

第一节　建设项目与工程造价

一、建设项目及其内容构成

（一）建设项目的含义

建设项目是指有设计任务，按照一个总体设计进行施工的各个工程项目的总体。建设项目在经济上实行独立核算，在行政上具有独立的组织形式，如一个工厂、一所学校、一条高速公路等。建设项目的工程造价一般由编制设计总概算或设计概算或修正概算来确定。

（二）建设项目的构成

建设项目根据建设项目规模大小、复杂程度的不同，为便于分解管理，可将建设项目分解为单项工程、单位工程、分部工程和分项工程等。

1. 单项工程

具有独立的设计文件，独立施工，竣工后可独立发挥特定功能或效益的一组工程项目，称为一个单项工程。一个建设项目可由一个单项工程也可由若干个单项工程组成。一般情况下，单项工程往往是在使用功能上具有相关性的一组建筑物或构筑物。如一所学校，包括办公楼、教学楼、实验楼、图书馆、食堂、锅炉房等，它们就构成了一个单项工程；某个城区的立交桥、城市道路等分别是一个单项工程，其造价由编制单项工程综合概预算确定。

2. 单位工程

具备独立的施工条件（单独设计，可独立施工），但不能独立形成生产能力与发挥效益的工程。一般情况下，单位工程是一个单体的建筑物或构筑物，规模较大的单位工程可将其具有独立使用功能的部分作为一个或若干个子单位工程。单位工程是单项工程的组成部分，一个单项工程一般由若干个单位工程所组成。例如：城市道路这个单项工程由道路工程、排水工程、路灯工程等单位工程所组成。单位工程造价一般由编制施工图预算（或单位工程设计概算）确定。

3. 分部工程

组成单位工程的若干个分部称为分部工程。分部的划分可依据专业性质或建筑部位的特征而确定。例如：一幢建筑物单位工程，可划分为土建安装分部和设备安装工程分部，而土建工程分部又可划分为地基与基础分部、主体结构、建筑装饰装修分部。而主体结构又可分为钢筋混凝土结构、混合结构、钢结构等几个分部；道路工程这个单位工程是由路床整形、道路基层、道路面层、人行道侧缘石及其他等分部工程组成的。

4. 分项工程（定额子目）

组成分部工程的若干个施工过程称为分项工程。分项工程一般按工种、材料、施工工艺或设备类别进行划分。它是建筑工程的基本构造要素，是工程预算分项中最基本的分项单元。例如：道路基层这个分部工程可以再划分为 10cm 厚人工铺装碎石底层、10cm 厚人机配合碎石基层、20cm 人工铺装块石底层等分项工程；钢筋混凝土结构分部工程可分为模板、钢筋、混凝土等几个分项工程。

二、建设项目决策阶段的工程造价管理

（一）建设项目决策的含义

决策是在充分考虑各种可能的前提下，基于对客观规律的认识，对未来实践的方向、目标原则和方法做出决定的过程。投资决策是在实施投资活动之前，对投资的各种可行性方案进行分析和对比，从而确定效益好、质量高、见效期短、成本低的最优方案的过程。建设项目投资决策是选择和决定投资行动方案的过程，是对拟建项目的必要性和可行性进行技术经济论证，对不同建设方案进行技术经济对比并及做出判断和决定的过程。建设项目决策需要决定项目是否实施、在什么地方兴建和采用什么技术方案兴建等问题，是对项目投资规模、融资模式、建设区位、场地规划、建设方案、主要设备选择、市场预测等因素进行有针对性地调查研究，多方案择优，最后确立项目（简称立项）的过程[1]。建设项目投资决策是投资行为的准则。正确的项目决策是合理确定与控制工程造价的前提，直接关系到项目投资的经济效益。

（二）建设项目决策与工程造价的关系

（1）建设项目决策的正确性是工程造价合理性的前提。建设项目决策是否正确直接

1　张永桃 . 市政学 [M]. 北京 : 高等教育出版社，2006.

关系到项目建设的成败。建设项目决策正确，意味着对项目建设做出科学的决断，选出最佳投资行动方案，达到资源合理配置。这样才能合理地估计和计算工程造价，在实施最优决策方案过程中，有效地进行工程造价管理。建设项目决策失误，如对不该建设的项目进行投资建设，或者项目建设地点的选择错误，或者投资方案的确定不合理等，会直接带来人力、物力及财力的浪费，甚至造成不可弥补的损失。在这种情况下，合理地进行工程造价控制已经毫无意义了。因此，要达到项目工程造价的合理性，首先要保证建设项目决策的正确性。

（2）建设项目决策的内容是决定工程造价的基础。工程造价的管理贯穿于项目建设全过程，但决策阶段建设项目规模的确定、建设地点的选择、工艺技术的评选、设备选用等技术经济决策直接关系到项目建设工程造价的高低，对项目的工程造价有重大影响。据有关资料统计，在项目建设各阶段中，投资决策阶段所需投入的费用只占项目总投资的很小比例，但影响工程造价的程度最高，可达到 70%~90%。因此，决策阶段是决定工程造价的基础阶段，直接影响着决策阶段之后的各个建设阶段工程造价确定与控制的科学和合理性。

（3）造价高低、投资多少影响项目决策。在项目的投资决策过程中对建设项目的投资数额进行估计形成的投资估算是进行投资方案选择和项目决策的重要依据之一，同时造价的高低、投资的多少也是决定项目是否可行以及主管部门进行项目审批的参考依据。因此，采用科学的估算方法和利用可靠的数据资料，合理地计算投资估算，全面准确地估算建设项目的工程造价是建设项目决策阶段的重要任务。

（4）项目决策的深度影响投资估算的精确度和工程造价的控制效果。投资决策过程分为投资机会研究及项目建议书编制阶段、可行性研究阶段和详细可行性研究阶段，各阶段由浅入深、不断深化，投资估算的精确度越来越高。在项目建设决策阶段、初步设计阶段、技术设计阶段、施工图设计阶段、工程招投标及承发包阶段、施工阶段以及竣工验收阶段，通过工程造价的确定与控制，相应形成投资估算、设计概算、修正概算、施工图预算、承包合同价、结算价以及竣工决算。这些造价形式之间的关系为“前者控制后者，后者补充前者”，即作为“前者”的决策阶段投资估算对其后各阶段的造价形式都起着制约作用，是限额目标。因此，要拓展项目决策的深度，保证各阶段的造价被控制在合理范围内，使投资控制目标得以实现。

（三）建设项目决策阶段影响工程造价的主要因素

项目工程造价的多少主要取决于项目的建设标准。合理的建设标准能控制工程造价、指导建设投资。标准水平定得过高，会脱离我国的实际情况和财力、物力的承受能力，提高造价；标准水平定得过低，会妨碍技术进步，影响国民经济的发展和人民生活的改善。因此，建设标准水平，应从我国目前的经济发展水平出发，区别不同地区、不同规模、不同等级、不同功能，合理确定。建设标准包括建设规模、占地面积、工艺装备、建筑标准、配套工程、劳动定员等方面，主要归纳为以下四个方面。

1. 项目建设规模

项目建设规模即项目“生产多少”。每一个建设项目都存在着一个对合理规模的选择问题，生产规模过小，资源得不到有效配置，单位产品成本较高，经济效益低下；生产规模过大，超过了项目产品市场的需求量，导致设备闲置，产品积压或降价销售，项目经济效益也会低下。因此，应选择合理的建设规模以达到规模经济的要求。在确定项目规模时，不仅要考虑项目内部各因素之间的数量匹配、能力协调，还要使所有生产力因素共同形成的经济实体（如项目）在规模上大小适应，这样可以合理确定和有效控制工程造价，提高项目的经济效益。项目规模合理化的制约因素有市场因素、管理因素和环境因素。

（1）市场因素。市场因素是项目规模确定中需要考虑的首要因素。其中，项目产品的市场需求状况是确定项目生产规模的前提。一般情况下，项目的生产规模应以市场预测的需求量为限，并根据项目产品市场的长期发展趋势做相应调整。除此之外，还要考虑原材料市场、资金市场、劳动力市场等，它们也对项目规模的选择起到不同程度的制约作用。如项目规模过大可能会导致材料供应紧张和价格上涨，项目所需投资资金的筹集困难和资金成本上升等。

（2）管理因素。先进的管理水平及技术装备是项目规模效益存在的基础，而相应的管理技术水平则是实现规模效益的保证。若与经济规模生产相适宜的先进管理水平及其装备的来源没有保障，或获取技术的成本过高，或管理水平跟不上，则不仅预期的规模效益难以实现，还会给项目的生存和发展带来危机，导致项目投资效益低下，工程支出成本浪费严重。

（3）环境因素。项目的建设、生产和经营离不开一定的社会经济环境，项目规模的确定需要考虑的主要因素有政策因素、燃料动力供应、协作及土地条件、运输及通信条件。其中，政策因素包括产业政策、投资政策、技术经济政策，以及国家地区及行业经济发展规划等。特别是为了取得较好的规模效益，国家对部分行业的新建项目规模做了下限规定，选择项目规模时应遵照执行。

2. 建设地区及建设地点（厂址）的选择

建设地区选择是在几个不同地区之间，对拟建项目适宜配置在哪个区域范围的选择。

建设地点选择是在已选定建设地区的基础上，对项目具体坐落位置的选择。

（1）建设地区的选择。建设地区选择对建设工程造价和建成后的生产成本及经营成本均有直接的影响。建设地区的选择的合理与否，在很大程度上决定着拟建项目的命运，影响着工程造价的高低、建设工期的长短、建设质量的好坏，还影响到项目建成后的经营状况。因此，建设地区的选择要充分考虑各种因素。具体来说，建设地区的选择首先要符合国民经济发展战略规划、国家工业布局总体规划和地区经济发展规划的要求；其次要根据项目的特点和需要，充分考虑原材料条件、能源条件、水源条件、各地区对项目产品的需求及运输条件等；再次要综合考虑气象、地质、水文等建厂的自然条件；最后，要充分考虑劳动力来源、生活环境、协作、施工力量、风俗文化等社会环境因素的影响。

在综合考虑上述因素的基础上，建设地区的选择还要遵循两个基本原则，即靠近原料、燃料提供地和产品消费地的原则；工业项目适当聚集的原则。

（2）建设地点（厂址）的选择。建设地点的选择是一项极为复杂的技术经济综合性很强的系统工程，它不仅涉及项目建设条件、产品生产要素、生态环境和未来产品销售等重要问题，受社会、政治、经济、国防等多种因素的制约，还直接影响到项目建设投资、建设速度和施工条件，以及未来企业的经营管理及所在地点的城乡建设规划和发展。因此，必须从国民经济和社会发展的全局出发，运用系统的观点和方法分析决策。

在对项目的建设地点进行选择的时候应满足以下要求：项目的建设应尽可能节约土地和少占耕地，尽量把厂址放在荒地和不可耕种的地点，避免大量占用耕地，节约土地的补偿费用；减少拆迁移民；应尽量选在工程地质、水文地质条件较好的地段，土壤耐压力应满足工厂的要求，严禁选在断层、熔岩、流沙层与有用矿藏上，以及洪水淹没区、已采矿坑塌陷区、滑坡区，厂址的地下水位应尽可能的低于地下建筑物的基准面；要有利于厂区合理布置和安全运行，厂区土地面积与外形能满足厂房与各种结构物的需要，并适合按科学的工艺流程布置厂房与构筑物，厂区地形力求平坦而略有坡度（一般以 5%~10% 为宜），以减少平整土地的土方工程量，节约投资，又便于地面排水；尽量靠近交通运输条件和水电等供应条件好的地方，应靠近铁路、公路、水路，以缩短运输距离，便于供电、供热和其他协作条件的取得，减少建设投资；应尽量减少对环境的污染。对于排放大量有害气体和烟尘的项目，不能建在城市的上风口，以免对整个城市造成污染；对于噪声大的项目，厂址应选在距离居民集中地区较远的地方，同时要设置一定宽度的绿化带，以减弱噪声的干扰。在选择建设地点时，除考虑上述条件外，还应从以下两方面分析项目投资费用，包括土地征收费、拆迁补偿费，土石方工程费、运输设施费、排水及污水处理设施费、动力设施费、生活设施费、临时设施费，建材运输费等；项目投产后的生产经营费用，包括原材料、燃料运入及产品运出费用，给水、排水、污水处理费用，动力供应费用等。

3. 技术方案

技术方案指产品生产所采用的工艺流程方案和生产方法。工艺流程是从原料到产品的全部工序的生产过程，在可行性研究阶段就得确定工艺方案或工艺流程，随后各项设计都是围绕工艺流程展开的。技术方案不仅影响项目的建设成本，也影响项目建成后的运营成本。选定不同的工艺流程方案和生产方法，造价将会不同，项目建成后的生产成本与经济效益也不同。因此，技术方案是否合理直接关系到企业建成后的经济利益，必须认真选择和确定。技术方案的选择应遵循先进适用、安全可靠和经济合理的基本原则。

4. 设备方案

技术方案确定后，就要根据生产规模和工艺流程的要求，选择设备的种类、型号和数量。设备方案的选择应注意以下几个问题：设备应与确定的建设规模、产品方案和技术方案相适应，并满足项目投产后生产或使用的要求；主要设备之间、主要设备与辅助设备之间能力要相互匹配；设备质量可靠、性能成熟，保证生产和产品质量稳定；在保证设备性能的前提下，力求经济合理；尽量选用维修方便、运用性和灵活性强的设备；选择的设备应符合政府部门或专门机构发布的技术标准要求，要尽量选用国产设备；引进的关键设备能在国内配套使用的，就不必成套引进；要注意进口设备之间以及国内外设备之间的衔接配套问题；要注意进口设备与原有国产设备、厂房之间的配套问题；要注意进口设备与原材料、备品备件及维修能力之间的配套问题。

三、建设项目设计阶段的工程造价管理

（一）工程设计含义、阶段划分及程序

1. 工程设计的含义

工程设计是指在工程开始施工之前，设计者根据已批准的设计任务书，为具体实现拟建项目的技术、经济要求，拟定建筑、安装及设备制造所需的规划、图纸、数据等技术文件的工作。工程设计是建设项目由计划变为现实具有决定意义的工作阶段。设计文件是建筑安装施工的依据，拟建工程在建设过程中能否保证进度、保证质量和节约投资，很大程度上取决于设计质量的优劣。工程建成后，能否获得满意的经济效益除了项目决策外，设计工作起着决定性作用。

2. 工程设计的阶段划分

为保证工程建设和设计工作有机地配合和衔接，将工程设计分为几个阶段。根据国

家有关文件的规定，一般工业项目可分为初步设计和施工图设计两个阶段进行，称为“两阶段设计”；对于技术复杂、设计难度大的项目，可按初步设计、技术设计和施工图设计三个阶段进行，称为“三阶段设计”。小型工程建设项目，技术上简单的，经项目主管部门同意可以简化“施工图设计”；大型复杂建设项目，除按规定分阶段进行设计外，还应该进行总体规划设计或总体设计。

民用建筑项目一般分为方案设计、初步设计和施工图设计三个阶段。对于技术上简单的民用建筑工程，经有关部门同意，并且合同中有可不做技术设计的约定，可在方案设计审批后直接进入施工图设计。

3. 工程设计程序

工程设计的重要原则之一是保证设计的整体性，因此设计必须按以下程序分阶段进行。

（1）设计准备。首先要了解并掌握项目各种有关的外部条件和客观情况，包括自然条件，城市规划对建设物的要求，基础设施状况，业主对工程的要求，对工程经济估算的依据，所能提供的资金、材料、施工技术和装备等以及可能影响工程的其他客观因素。

（2）初步方案。设计者对工程主要内容的安排有个大概的布局设想，然后要考虑工程与周围环境之间的关系。在这一阶段设计者同使用者和规划部门充分交换意见，最后使自己的设计符合规划的要求，取得规划部门的同意，与周围环境有机融为一体。对于不太复杂的工程，这一阶段可以省略，并把有关的工作转入初步设计阶段。

（3）初步设计。这是设计过程中的一个关键性阶段，也是整个设计构思基本形成的阶段。此阶段应根据批准的可行性研究报告和可靠的设计基础资料进行编制，综合考虑建筑功能、技术条件、建筑形象及经济合理性等因素提出设计方案，并进行方案的比较和优选，确定较为理想的方案。初步设计阶段包括总平面设计、工艺设计和建筑设计三部分。在初步设计阶段应编制设计概算。

（4）技术设计。技术设计是初步设计的具体化，也是各种技术问题的定案阶段。技术设计的详细程度应能满足确定设计方案中重大技术问题和有关实验、设备选制等方面的要求，应能保证根据它可编制出施工图和提出设备订货明细表。应根据批准的初步设计文件进行编制，并解决初步设计尚未完全解决的具体技术问题。如果对初步设计阶段所确定的方案有所更改，应对更改部分编制修正概算书。经批准后的技术图纸和说明书即为编制施工图、主要材料设备订货及工程拨款的依据文件。

（5）施工图设计。这一阶段主要是通过图纸把设计的意图和全部设计结果表达出来，解决施工中的技术措施、用料及具体做法等问题，作为工人施工制作的依据。施工图设计的内容应能满足设备、材料的选择与确定、非标准设备的设计与加工制作、施工图预算的编制、建筑工程施工和安装的要求。此阶段需编制施工图预算工程造价控制文件。

（6）设计交底和配合施工。施工图发出后，根据现场需要，设计单位应派人到施工现场与建设、施工单位共同会审施工图，进行技术交底，介绍设计意图和技术要求，修改不符合实际和有错误的图纸，参加试运转和竣工验收，解决试运转过程中的各种技术问题，并检验设计的正确性和完善程度。

为确保固定资产投资及计划的顺利完成，在各个设计阶段编制相应工程造价控制文件时要注意技术设计阶段的修正设计概算应低于初步设计阶段的设计概算，施工图设计阶段的施工图预算应低于技术设计阶段的修正设计概算，各阶段逐步由粗到细确定工程造价，经过分段审批，层层控制工程造价，以保证建设工程造价不突破批准的投资限额。

（二）设计阶段影响工程造价的因素

不同类型的建筑，使用目的及功能要求不同，影响设计方案的因素也不相同。工业建筑设计是由总平面设计、工艺设计及建筑设计三部分组成的，它们之间相互关联和制约。因此，影响工业建筑设计的因素从以上三部分考虑才能保证总设计方案经济合理。各部分设计方案侧重点不同，影响因素也略有差异。

民用建筑项目设计是根据建筑物的使用功能及要求，确定建筑标准、结构形式、建筑物空间与平面布置以及建筑群体的配置等。

1. 总平面设计

总平面设计是指总图运输设计和总平面配置。主要包括厂址方案、占地面积和土地利用情况，总图运输、主要建筑物和构筑物及公用设施的配置，水、电、气及其他外部协作条件等。

总平面设计是否合理对整个设计方案的经济合理性有重大影响。正确合理的总平面设计可以大大减少建筑工程量，节约建设用地，节省建设投资，降低工程造价和项目运行后的使用成本，加快建设进度；可以为企业创造良好的生产组织、经营条件和生产环境；还可以为城市建设和工业区创造完美的建筑艺术整体。

总平面设计中影响工程造价的因素有以下几个方面。

（1）占地面积。占地面积的大小一方面影响征地费用的高低，另一方面影响管线布置成本及项目建成后运营的运输成本。因此要注意节约用地，不占或少占农田，同时还要满足生产工艺过程的要求，适应建设地点的气候、地形、工程水文地质等自然条件。

（2）功能分区。无论是工业建筑还是民用建筑都由许多功能组成，这些功能之间相互联系和制约。合理的功能分区既可以使建筑物各项功能充分发挥，又可以使总平面布置紧凑、安全，避免大挖大填，减少土石方量并节约用地，还能使生产工艺流程顺畅，运输简便，能降低造价和项目建成后的运营费用。

（3）运输方式。不同运输方式运输效率及成本不同。有轨运输运量大，运输安全，但需要一次性投入大量资金；无轨运输无须一次性大规模投资，但是运量小，运输安全性较差。应合理组织场内外运输，选择方便且经济的运输设施和合理的运输路线。从降低工程造价的角度来看，应尽可能地选择无轨运输，但若考虑项目运营的需要，如果运输量较大，则有轨运输往往比无轨运输成本低。

2. 工艺设计

一般来说，先进的技术方案所需投资较大，但是劳动生产率较高，产品质量好。选择工艺技术方案时，应认真进行经济分析，根据我国国情和企业的经济与技术实力，以提高投资的经济效益和企业投产后的运营效益为前提，积极稳妥地采用先进的技术方案和成熟的新技术、新工艺，确定先进适度、经济合理、切实可行的工艺技术方案。

主要设备方案应与拟选的建设规模和生产工艺相适应，满足投产后生产的要求。设备质量、性能成熟，以保证生产的稳定和产品质量。设备选择应在保证质量性能前提下，力求经济合理。主要设备之间、主要设备与辅助设备之间的能力需相互配套。选用设备时，应符合国家和有关部门颁布的相关技术标准要求。

3. 建筑设计

建筑设计部分要在考虑施工过程合理组织和施工条件的基础上，确定工程的立体平面设计和结构方案的工艺要求、建筑物和构筑物及公用辅助设施的设计标准，提出建筑工艺方案、暖气通风、给排水等问题的简要说明。在建筑设计阶段影响工程造价的主要因素有以下几方面。

（1）平面形状。一般来说，建筑物平面形状越简单，其单位面积造价越低。不规则建筑物将使室外工程、排水工程、砌砖工程及屋面工程等复杂化，从而增加工程费用。一般情况下建筑物周长与面积的比值K（单位建筑面积所占外墙长度）越低，设计越经济。K值按圆形、正方形、矩形、T形、L形的次序依次增大。所以，建筑物平面形状的设计应在满足建筑物功能要求的前提下，降低建筑物周长与建筑面积之比，达到建筑物寿命周期成本最低的要求。除考虑到造价因素外，还应注意到美观、采光和使用要求方面的影响。

（2）流通空间。建筑物经济平面布置的主要目标之一是在满足建筑物使用要求的前提下，将流通空间（门厅、过道、走廊、楼梯及电梯井等）减少到最小。但是造价不是检验设计是否合理的唯一标准，其他如美观和功能质量的要求也是非常重要的。

（3）层高。在建筑面积不变的情况下，层高增加会引起各项费用的增加。如墙体及有关粉刷、装饰费用提高，体积增加导致供暖费用增加等。

第二节 建筑工程计价方法与程序

工程计价是指在定额计价模式或在工程量清单计价模式下，按照规定的费用计算程序，根据相应的定额，结合人工、材料、机械市场价格，经计算预测或确定工程造价的活动。建筑工程计价活动包括编制施工图预算、招标标底、投标报价和签订施工合同价以及确定工程竣工结算等内容。

计价模式不同，工程造价的费用计算程序不同，建设项目所处的阶段不同，工程计价的具体内容、计价方法、计价的要求也不同。建设工程计价模式分为定额计价模式与工程量清单计价模式两种。定额计价模式采用工料单价法，工程量清单计价模式采用综合单价法。在定额计价模式下，确定建设工程造价是依照国家或地区所发布的预算定额为核心，最后所确定的工程造价实际上是社会信息平均价。在工程量清单计价模式下，建设工程造价的确定是以企业定额为核心，最后所确定的工程造价是企业自主价格。这一模式在极大程度上体现了市场竞争机制。工程量清单计价均采用综合单价形式。综合单价中包含人工费、材料费、机械使用费、管理费、利润等。不同于定额计价模式，它先有定额直接费表，再有材料差价表，之后有独立费表，最后在计费程序表中才知道工程造价。对比之下，工程量清单计价显的简单明了，且更加适合于工程招投标。

一、定额计价法的编制程序

定额计价方法是以某种定额（消耗量定额、预算定额）计算规则的规定计算工程量的方法，即通常所说的概预算方法，是依据某种定额对工程进行估算、概算、预算、结算的方法。定额计价是指建设工程造价有定额直接费、间接费、利润、税金所组成的计价方式。其中定额直接费是套取国家或地区预算定额求得，再以定额直接费为基础乘以费用定额的相应费率并加上材料差价等，最终确定工程造价。

（一）编制依据

（1）经有关部门批准的建筑工程建设项目的审批文件和设计文件。

（2）施工图纸是编制预算的主要依据。

（3）经批准的初步设计概算书为工程投资的最高限价，不得任意突破。

（4）经有关部门批准颁发执行的建筑工程预算定额、单位估价表、机械台班费用定设备材料预算价格、间接费定额以及有关费用规定的文件。

（5）经批准的施工组织设计和施工方案及技术措施等。

（6）有关标准定型图集、建筑材料手册及预算手册。

（7）国务院有关部门颁发的专用定额和地区规定的其他各类建设费用取费标准。

（8）有关建筑工程的施工技术验收规范和操作规程等。

（9）招投标文件和工程承包合同或协议书。

（10）建筑工程预算编制办法及动态管理办法。

（二）定额计价法的编制程序

（1）直接工程费中的人工、材料、机械台班价格，除国有资金投资或以国有资金投资为主的建设工程招标标底使用省统一发布的信息价外，其余工程均可由投标人根据拟建工程实际、市场状况及工程情况自主确定或执行发、承包双方约定单价。

（2）参照定额规定记取的措施费是指建筑工程消耗量定额中列有相应子目或规定有计算方法的措施项目费用，例如混凝土、钢筋混凝土模板及支架、脚手架费等（本类中的措施费有些要结合施工组织设计或技术方案计算）。

（3）参照省发布费率记取的措施费是指按省建设厅主管部门根据市场情况和多数企业经营管理情况、技术水平测算发布的参考费率的措施项目费。包括环境保护费、文明施工、临时设施、夜间施工及冬雨期施工增加费、场地清理费等。

（4）按施工组织设计（方案）记取的措施费是指承包人（投标人）按经批准的（投标的）施工组织设计（技术方案）计算的措施项目费，例如大型机械进出场及安拆费，施工排水、降水费用等。

（5）参照定额规定记取的措施费和按施工组织设计（方案）计取的措施费中的人工、材料机械台班价格按第 1 条规定计算。

（6）措施费中的人机费（RJ2）是指按省价中人机单价计算的人机费与省发布费率及规定计取的人机费之和。参照省发布费率及规定计取的人机费：施工因素增加费取 94%，其余按 45%(总承包服务费不考虑)。

（7）企业投标报价时，计算程序中除规费和税金的费率，均可按费用组成及计算方法自主确定，但环境保护费、文明施工费、临时设施费得费率不得低于省颁布费率的92%；也可参照省发布的参考费率计价。

（三）定额计价的缺陷

在定额计价模式下，政府是制定工程造价的主体。它限定不同级别的施工企业在计取造价时必须执行同一种标准的“定额直接费”或“定额人工费”，业主只能处于从属地位，不能自主定价，只能按照政府的“取费标准”计算。其所产生的弊端如下。

（1）反映不出建设的先后顺序、主从关系和资金使用的时间、空间的秩序，只是单纯从会计的角度规定我国工程造价的构成，体现不出工程造价管理的清晰思路，实施起来容易混淆。

（2）不能体现出建筑产品优质优价的原则。业主总是希望工程质量好、价格低，然而建造高质量的工程比建造普通合理的工程投入要大。目前，允许双方在自愿的原则下收取优良工程补偿费，但是如果一方不同意，所投入的费用就不能收回。

（3）不利于招标工作的展开。现行的工程造价计算复杂，耗时费工，不但要套用“定额直接费”，还要计算材料价差及套用定额收取的管理费等。从理论上来讲，一样的图纸套用一样的定额，按一样的信息价计算，所得的结果应该是一样的[2]。但是由于操作人员理解不同，水平有差异，往往得出的结果有很大差异，使得招标工作考察的并不是企业的综合能力，而是考核预算员的理解能力和水平，谁做的工程预算跟标底碰上了，谁中标的可能性就大，这样是明显的不公平、不合理。

二、工程量清单计价的编制程序

工程量清单是表现拟建工程的分部分项项目、措施项目、其他项目名称和相应数量的明细清单，由招标人按照《建设工程工程量清单计价规范》（以下简称《计价规范》）附录中的统一的项目编码、项目名称、计量单位和工程量计算规则进行编码，包括分部分项工程量清单、措施项目清单、其他项目清单、规费项目清单、税金项目清单。工程量清单计价是指投标人完成由招标人提供的工程量清单所需的全部费用，包括分部分项工程费、措施项目费、其他项目费和规费、税金。

（一）编制依据

1. 工程量清单

工程量清单是计算分项工程量清单费、措施项目费、其他项目费的依据。工程量清单应由具有编制招标文件能力的招标人或受其委托的具有相应资质的中介机构进行编

2　张旭霞 . 市政学 [M]. 北京：对外经济贸易大学出版社，2006.

制。

2. 建设工程工程量清单计价规范

工程量清单计价规范是编制综合单价、计算各项费用的依据。

3. 施工图

施工图是计算计价工程量，确定分部分项清单项目综合单价的依据。

4. 消耗量定额

消耗量定额是计算分部分项工程消耗量确定综合单价的依据。

5. 工料机单价

人工单价、材料单价、机械台班单价是编制综合单价的依据。

6. 税率及各项费率

税率是税金计算的基础，规费费率是计算各项规费的依据，有关费率是计算文明施工费等各项措施费的依据。

（二）清单计价的编制内容

1. 计算计价工程量

根据选用的消耗量定额和清单工程量、施工图计算计价工程量。

2. 套用消耗量定额、计算工料机消耗量

计价工程量完后再套用消耗量定额计算工料机消耗量。

3. 计算综合单价

根据分析出的工料机消耗量和确定的工料机单价以及管理费费率、利润率计算分部分项的综合单价。

4. 计算分部分项工程量清单费

根据分部分项清单和综合单价计算分部分项工程量清单费。

5. 计算措施项目费

根据措施项目清单和企业自身的情况自主计算措施项目费。

6. 计算其他项目费

根据其他项目清单和有关条件计算其他项目费。

7. 计算规费

根据政府主管部门规定的文件计算有关规费。

8. 计算税金

根据国家规定的税金记取办法计算税金。

9. 工程量清单报价

将上述计算出的分部分项工程量清单费、措施项目费、其他项目费、规费、税金汇总为工程量清单报价。

三、工程量清单计价法与定额计价法的区别和联系

（一）两者的区别

1. 适用范围不同

全部采用国有投资资金或以国有投资资金为主的建设工程项目必须实行工程量清单计价。除此以外的工程，可以采用工程量清单计价模式，也可以采用定额计价模式。

2. 采用的计价方法不同

定额计价模式一般采用工料单价法计价。按定额计价时，单位工程造价由直接工程费、间接费、利润、税金构成，计价时先计算直接费，再以直接费（或其中的人工费）为基数计算各项费用、利润、税金，汇总为单位工程造价。

工程量清单计价时采用综合单价法计价，造价由工程量清单费用（∑清单工程量 × 项目综合单价）、措施项目清单费用、其他项目清单费用、规费、税金五部分构成，做这种划分考虑的是将施工过程中的实体性消耗和措施性消耗分开，对于措施性消耗费用只列出项目名称，由投标人根据招标文件要求和施工现场情况、施工方案自行确定，以体现出以施工方案为基础的造价竞争；对于实体性消耗费用，则列出具体的工程数量，投标人要报出每个清单项目的综合单价。工程量清单计价是投标人依据企业自己的管理能力、技术装备水平和市场行情自主报价，其所报的工程造价定额实际上是社会平均价。

3. 分项工程单价构成不同

按定额计价时分项工程的单价是工料单价，即只包括人工、材料、机械费。工程量清单计价分项工程单价一般为综合单价，除了人工、材料、机械费，还要包括管理费（现场管理费和企业管理费）、利润和必要的风险费。采用综合单价便于工程款的支付、工程造价的调整和工程结算，也避免了因为“取费”产生的一些无谓纠纷。综合单价中的直接费、费用、利润由投标人根据本企业实际支出及利润预期、投标策略确定，是施工企业实际成本费用的反映，是工程的个别价格。综合单价的报出是个别计价与市场竞争的过程。

4. 项目划分不同

按定额计价的工程项目划分即为预算定额中的项目划分，一般土建定额有几千个项目，其划分原则是按工程的不同部位、不同材料、不同工艺、不同施工机械、不同施工方法和材料规格型号，划分得十分详细。定额计价的项目一般一个项目只包括一

项工程内容。如“混凝土管道铺设”清单项目包括管道垫层、基础、管座、接口、管道铺设、闭水试验等多项工程内容，而“混凝土管道铺设”定额项目只包括管道铺设这一项工程内容。

工程量清单计价的工程项目的划分较之定额项目的划分有较大的综合性，新规范中土建工程只有177个项目，它考虑工程部位、材料、工艺特征，但不考虑具体的施工方法或措施，如人工或机械、机械的不同型号等。同时对于同一项目不再按阶段或过程分为几项，而是综合到一起，如混凝土，可以将同一项目的搅拌（制作）、运输、安装、接头灌缝等综合为一项，门窗也可以将制作、运输、安装、刷油、五金等综合到一起，这样能够减少原来的定额对于施工企业工艺方法选择的限制，报价时有更多的自主性。工程量清单中的量应该是综合的工程量，而不是按定额计算的“预算工程量”。综合的量有利于企业自主选择施工方法并以之为基础竞价，也能使企业摆脱对定额的依赖，建立起企业内部报价及管理的定额和价格体系。工程量清单计价项目基本以一个“综合实体”考虑，一般一个项目包括多项工程内容。

5. 计价依据不同

这是清单计价和按定额计价最根本的区别。按定额计价的唯一依据就是定额，而工程量清单计价的主要依据是企业定额，也包括企业生产要素消耗量标准、材料价格、施工机械配备及管理状况、各项管理费支出标准等。目前可能多数企业没有企业定额，但随着工程量清单计价形式的推广和报价实践的增加，企业将逐步建立起自身的定额和相应的项目单价，当企业都能根据自身状况和市场供求关系报出综合单价时，企业自主报价、市场竞争（通过招投标）定价的计价格局也将形成，这也正是工程量清单所要促成的目标。工程量清单计价的本质是改变政府定价模式，建立起市场形成造价机制，只有计价依据个别化，这一目标才能实现。

6. 工程量计算规则不同

工程量清单计价模式下工程量计算规则必须按照国家标准《计价规范》执行，全国统一定额计价模式下工程量计算规则由一个地区（省、自治区、直辖市）制定，在本区域内统一。

7. 计量单位不同

工程量清单计价的清单项目是按基本单位如m、kg、t等规定的。工程预算定额计价时，计量单位可以不采用基本单位。基础定额中的计量单位除基本计量单位外有时出现不规范的复合单位，如100m³、100m²、10m、100kg等，但是大部分计量单位与相应定额子项的计量单位一致。不一致的例如：土（石）方工程中“计价规范”项目名称为“挖土方”，计量单位为“m^3”；“预算定额”项目名称为“人工挖土方”，计量单位为“$100m^3$”。

8. 采用的消耗量标准不同

定额计价模式下，投标人计价时采用统一的消耗量定额，其消耗量标准反映的是社会平均水平，是静态的。

工程量清单计价模式下，投标人可以采用自己的企业定额，其消耗量标准体现的是投标人个体的水平，是动态的。

9. 反映的成本价不同

工程预算定额计价，反映的是社会平均成本。工程量清单计价，反映的是个别成本。

10. 结算的要求不同

工程预算定额计价，结算时按定额规定工料单价计价，往往调整内容较多，容易引起纠纷。工程量清单计价，是结算时按合同中事先约定综合单价的规定执行，综合单价基本上是确定的。

11. 风险分担不同

定额计价模式下，工程量由各投标人自行计算，故工程量计算风险和单价风险均由投标人承担，所有的风险在不可预见费中考虑；结算时，按合同约定，双方可以调整。可以说投标人没有风险，不利于控制工程造价。

工程量清单计价模式下，招标人与投标人风险合理分担，由招标人承担工程量计算风险，招标人相应在计算工程量时要准确，对于这一部分风险应由招标人承担，从而有利于控制工程造价。投标人承担单价风险，对自己所报的成本、综合单价负责，还要考虑各种风险对价格的影响，综合单价一经合同确定，结算时不可以调整（除工程量有变化），且对工程量的变更或计算错误不负责任。

（二）两者的联系

定额计价模式在我国已使用多年，也具有一定的科学性和实用性。为了与国际接轨，我国于 2003 年开始推行工程量清单计价模式。由于目前是工程量清单计价模式的实施初期，大部分施工企业还没有建立和拥有自己的企业定额体系，因而行政建设主管部门发布的定额，尤其是当地的消耗量定额，仍然是企业投标报价的主要依据。也就是说，工程量清单计价活动中，存在部分定额计价的成分，工程量清单计价方式占据主导地位，定额计价方式是一种补充方式。

第三节　建筑工程造价构成

一、定额计价模式下工程费用的构成

（一）直接费

直接费由直接工程费和措施费组成。

1. 直接工程费

直接工程费是指施工过程中耗费的构成工程实体的各项费用，包括人工费、材料费、施工机械使用费。

（1）人工费。人工费是指直接从事建筑安装工程施工的生产工人开支的各项费用，内容包括以下几个方面。

①基本工资：指发放给生产工人的基本工资。②工资性补贴：指按规定标准发放的物价补贴，如煤、燃气补贴，交通补贴，住房补贴，流动施工补贴等。③生产工人辅助工资：指生产工人有效施工天数以外非作业天数的工资，包括职工学习、培训期间的工资，调动工作、探亲、休假期间的工资，因气候影响的停工工资，工人哺乳时期的工资，假期在 6 个月以内的工资，产、婚、丧假期的工资。④职工福利费：指按规定标准计算的职工福利费。⑤生产工人劳动保护费：指按规定标准发放的劳动保护用品的购置费及修理费，徒工服装补贴，防暑降温费，在有碍身体健康环境中施工的保健费用等。

（2）材料费。材料费是指施工过程中耗费的构成工程实体的原材料、辅助材料、构配件、零件、半成品的费用，内容包括以下几个方面。

①材料原价（供应价格）。②材料运杂费：指材料自来源地运至工地仓库或指定堆放地点所需要的全部费用。③运输损耗费：指材料在运输装卸过程中不可避免的损耗费用。④采购及保管费：指为组织采购、供应和保管材料过程中所需要的各项费用，包括采购费、仓储费、工地保管费、仓储损耗费。⑤检验试验费：指对建筑材料、构件和建筑安装物进行一般的鉴定、检查所需要的费用，包括自设试验室进行试验所耗用的材料和化学药品等费用，不包括新结构、新材料的试验费和建设单位对具有出厂合格证明的材料进行检验及对构件做破坏性试验及其他特殊要求检验试验的费用。

（3）施工机械使用费。

施工机械使用费是指施工机械作业所发生的机械使用费、机械安拆费和场外运费。

机械台班单价由下列七项费用组成。

①折旧费：指施工机械在规定的使用年限内，陆续收回其原值及购置资金的时间价值。②大修理费：指施工机械按规定的大修理间隔台班进行必要的大修理，以恢复其正常功能所需的费用。③经常修理费：指施工机械除大修理外的各级保养和排除临时故障所需的费用，包括为保障机械正常运转所需替换设备与随机配备工具附具的摊销和维护费用，机械运转中日常保养所需润滑与擦拭的材料费用及机械停滞期间的维护和保养费用。④安拆费及场外运费：安拆费是指施工机械在现场进行安装与拆卸所需的人工、材料、机械和试运转费用以及机械辅助设施的折旧、搭设、拆除等费用；场外运费是指施工机械整体或分体自停放地点运至施工现场或由一施工地点运至另一施工地点的运输、装卸、辅助材料及架线等费用。⑤人工费：指机上司机（司炉）和其他操作人员的工作日人工费及上述人员在施工机械规定的年工作台班以外的人工费。⑥燃料动力费：指施工机械在运转作业中所消耗的固体燃料（煤、木柴）、液体燃料（汽油、柴油）及水、电等费用。⑦养路费及车船使用税：指施工机械按照国家规定和有关部门规定应缴纳的养路费、车船使用税、保险费、年检费等。

2. 措施费

措施费是指为完成工程项目施工，发生于该工程施工前和施工过程中非工程实体项目的费用，内容包括以下几个方面。

（1）环境保护费：指施工现场为达到环保部门要求所需要的各项费用。

（2）文明施工费：指施工现场文明施工所需要的各项费用。

（3）安全施工费：指施工现场安全施工所需要的各项费用。

（4）临时设施费：指施工企业为进行建筑工程施工所必须搭设的生活和生产用的临时建筑物、构筑物和其他临时设施所需要的费用。

临时设施包括临时宿舍、文化福利及公用事业房屋与构筑物，如仓库、办公室、加工厂以及规定范围内道路、水、电、管线等临时设施和小型临时设施。

临时设施费用包括临时设施的搭设、维修、拆除费及摊销费。

（5）夜间施工费：指因夜间施工所发生的夜班补助费、夜间施工降效、夜间施工照明设备摊销及照明用电等费用。

（6）二次搬运费：指因施工场地狭小等特殊情况而发生的一次搬运费用。

（7）大型机械设备进出场及安拆费：指机械整体或分体自停放地点运至施工现场或由一施工地点运至另一施工地点所发生的机械进出场运输及转移费用及机械在施工现场进行安装、拆卸所需的人工费、材料费、机械费、运转费和安装所需的辅助设施的费用。

（8）混凝土、钢筋混凝土模板及支架费：指混凝土施工过程中需要的各种钢模板、木模板、支架等的支、拆、运输费用及模板、支架的摊销（或租赁）费用。

（9）脚手架费：指施工需要的各种脚手架搭、拆、运输费用及脚手架的摊销（或租赁）费用。

（10）已完工程及设备保护费：指竣工验收前，对已完工程及设备进行保护所需费用。

（11）施工排水、降水费：指为确保工程在正常条件下施工，采取各种排水、降水措施所发生的各种费用。

（二）间接费

间接费由规费、企业管理费组成。

1. 规费

规费是指政府和有关权力部门规定必须缴纳的费用，包括以下几个方面。

（1）工程排污费：指施工现场按规定缴纳的工程排污费[3]。

（2）工程定额测定费：指按规定支付工程造价（定额）管理部门规定的定额测定费。

（3）社会保障费：①养老保险费：指企业按规定标准为职工缴纳的基本养老保险费。②失业保险费：指企业按国家规定标准为职工缴纳的失业保险费。③医疗保险费：指企业按规定标准为职工缴纳的基本医疗保险费。

（4）住房公积金：指企业按规定标准为职工缴纳的住房公积金的费用。

（5）危险作业意外伤害保险：指按照建筑法规定，企业为从事危险建筑安装作业的施工人员支付的意外伤害保险费。

2. 企业管理费

企业管理费是指建筑安装企业组织施工生产和经营管理所需费用，内容包括以下几个方面。

（1）企业管理人员工资：指管理人员的基本工资、工资性补贴、职工福利费、劳动保护费等。

（2）办公费：指企业管理办公用的文具、纸张、账表、印刷、邮电、书报、会议、水电、烧水和集体取暖（包括现场临时设施取暖）用煤等费用。

（3）差旅交通费：指职工因公出差、调动工作的差旅费，住勤补助费，市内交通费和午餐补助费，职工探亲路费，劳动力招募费，职工离退休，退职一次性路费，工伤人员就医路费，工地转移费以及管理部门使用的交通工具的油料、燃料、养路费及牌照费。

（4）固定资产使用费：指管理和试验部门及附属生产单位使用的属于固定资产的房

3　牛冬杰，秦风，赵由才．市容环境卫生管理 [M]. 北京：化学工业出版社，2006.

屋、设备仪器等的折旧、大修、维修或租赁费。

（5）工具用具使用费：指管理使用的不属于固定资产的生产工具、器具、家具、交通工具和检验、试验、测绘、消防用具等的购置、维修和摊销费。

（6）劳动保险费：指企业支付离退休职工的易地安家补助费、职工退休金、6个月以上的病假人员工资、职工残废丧葬补助费、抚恤费、按规定支付给离休干部的各项经费。

（7）工会经费：指企业按职工工资总额计提的工会经费。

（8）职工教育经费：指企业为职工学习先进技术和提高文化水平，按职工工资总额计提的费用。

（9）财产保险费：指施工管理用财产、车辆保险费用。

（10）财务费：指企业为筹集资金而发生的各种费用。

（11）税金：指企业按规定缴纳的房产税、车船使用税、土地使用税、印花税等。

（12）其他:包括技术转让费、技术开发费、业务招待费、绿化费、广告费、公证费、法律顾问费、审计费、咨询费等。

（三）利润

利润是指施工企业完成的承包工程获得的盈利。

（四）税金

税金是指国家税法规定的应计入建筑安装工程造价内的营业税、城市维护建设税及教育费附加税等。

二、清单计价模式下工程费用的构成

（一）分部分项工程费

综合单价是指完成工程量清单中一个规定计量单位项目所需的人工费、材料费、机械使用费、管理费和利润，并考虑风险因素的费用。

（1）人工费＝综合工日定额 × 人工日工单价。

（2）材料费＝材料消耗定额 × 材料单价。

（3）机械使用费＝机械台班定额 × 机械台班单价。

（4）管理费＝（人工费＋材料费＋机械使用费）× 相应管理费费率。

（5）利润＝（人工费＋材料费＋机械使用费）× 相应利润率。

综合工日定额、材料消耗定额及机械台班定额，对于建筑工程从《全国统一建筑工程预算定额》（GYD—301~309—1999、2001）中查取。

人工日工单价由当地当时物价管理部门、建设工程管理部门等制定。现时人工日工单价为 20 ~ 40 元。

材料单价可从《地区建筑材料预算价格表》中查取，或按照当地当时的材料零售价格。机械台班单价可从《全国统一施工机械台班费用编制规则》(2001)中查取。

(二)措施项目费

1. 通用措施项目

(1)环境保护计价。环境保护计价是指工程项目在施工过程中，为保护周围环境，而采取防噪声、防污染等措施而发生的费用。环境保护计价一般是先估算，待竣工结算时，再按实际支出费用结算。

(2)文明施工计价。文明施工计价是指工程项目在施工过程中，为达到上级管理部门所颁布的文明施工条例的要求而发生的费用。文明施工计价一般是估算的，占分部分项工程的人工费、材料费、机械使用费总和的 0.8% 左右。

(3)安全施工计价。安全施工计价是指工程项目在施工过程中，为保障施工人员的人身安全采取的劳保措施而发生的费用。安全施工计价一般是根据以往施工经验、施工人员数、施工工期等因素估算的，占分部分项工程的人工费、材料费、机械使用费总和的 0.1% ~ 0.8%。

(4)临时设施计价。临时设施计价是指施工企业为满足工程项目施工所必需而用于建造生活和生产用临时建筑物、构筑物等发生的费用，包括临时设施的搭设、维修、拆除费或摊销费。

临时设施计价一般取分部分项工程的人工费、材料费、机械使用费总和的 3.28%。若使用业主的房屋作为临时设施，则该临时设施计价应酌情降低。

(5)夜间施工计价。夜间施工计价是指工程项目在夜间进行施工而增加的人工费。夜间施工的人工费不应超过白天施工的人工费的两倍，并计取管理费和利润。夜间施工计价若需要时，可预先估算，待竣工时，凭签证按实结算。

夜间施工是指在当日晚上十时至次日早晨六时这一期间内施工。

(6)二次搬运计价。二次搬运计价是指材料、半成品等一次搬运没有到位，需要二次搬运到位而产生的运输费用，包括人工费及机械使用费。

二次搬运计价若需要时，可预先估算，待竣工时，凭签证按实结算。

(7)大型机械设备进出场及安拆计价。大型机械设备进出场(场外运输)计价包括人工费、材料费、机械费、架线费、回程费，这五项费用之和称为台次单价。

(8)混凝土、钢筋混凝土模板及支架计价。

（9）脚手架计价。建筑工程用的脚手架有竹脚手架、钢管脚手架、浇混凝土用全面脚手架等。

（10）已完工程及设备保护计价。已完工程及设备保护计价是指对已结束工程及设备加以成品保护所耗用的人工费及材料费。

（11）施工排水、降水计价。建筑工程施工降水可采用井点降水。

2. 专用措施项目

（1）围堰计价。建筑工程篱工中所采用的围堰有土草围堰、土石混合围堰、圆木桩围堰、钢桩围堰、钢板桩围堰、双层竹笼围堰等。

（2）筑岛计价。筑岛是指在围堰围成的区域内填土、砂及砂砾石。

（3）现场施工围栏计价。现场施工围栏可采用纤维布施工围栏、玻璃钢施工围栏等。

（4）便道计价。便道计价是指工程项目在施工过程中，为运输需要而修建的临时道路所发生的费用，包括人工费、材料费和机械使用费等。

便道计价应根据便道施工面积、使用材料等因素，按实际情况估算。

（5）便桥计价。便桥计价是指工程项目在施工过程中，为交通需要而修建的临时桥梁所发生的费用，包括人工费、材料费、机械使用费等。

（6）洞内施工的通风、供水、供气、供电、照明及通信设施计价。洞内施工的通风、供水、供气、供电、照明及通信设施计价是指隧道洞内施工所用的通风、供水、供气、供电、照明及通信设施的安装拆除年摊销费用。一年内不足一年按一年计算，超过一年按每增一季定额增加，不足一季按一季计算（不分月）。

（三）其他项目费

1. 暂列金额

暂列金额是“招标人在工程量清单中暂定并包括在合同价款中的一笔款项”。暂列金额的定义是非常明确的，只有按照合同缩写程序实际发生后，才能成为中标人的应得金额，纳入合同结算价款中。扣除实际发生金额后的暂列金额余额仍属于招标人所有。设立暂列金额并不能保证合同结算价格就不会再出现超过合同价格的情况，是否超出合同价格完全取决于工程量清单编制人对暂列金额预测的准确性，以及工程建设过程是否出现了其他事先未预测到的事件。

2. 暂估价

暂估价是指自招标阶段直至签订合同协议时，招标人在招标文件中提供的用于支付必然要发生但暂时不能确定价格的材料以及需另行发包的专业工程金额。一般而言，为方便合同管理和计价，需要纳入分部分项工程量清单项目综合单价中的暂估价则最好只是材料费，以方便投标人组价。以“项”为计量单位给出的专业工程暂估价一般应是综合暂估价，应当包括除规费、税金以外的管理费、利润等。

3. 计日工

计日工是为解决现场发生的零星工作的计价而设立的。国际上常见的标准合同条款中，大多数都设立了计日工（Day work）计价机制。计日工以完成零星工作所消耗的人工工时、材料数量、机械台班进行计量，并按照计日工表中填报的适用项目的单价进行计价支付。计日工适用的所谓零星工作一般是指合同约定之外的或者因变更而产生的、工程量清单中没有相应项目的额外工作，尤其是那些时间上不允许事先商定价格的额外工作。计日工为额外工作和变更的计价提供了一个方便快捷的途径。

4. 总承包服务费

总承包服务费是为了解决招标人在法律、法规允许的条件下进行专业工程发包以及自行采购供应材料、设备时，要求总承包人对发包的专业工程提供协调和配合服务（如分包人使用总包人的脚手架、水电接剥等）；对供应的材料、设备提供收、发和保管服务以及对施工现场进行统一管理；对竣工资料进行统一汇总整理等并向总承包人支付的费用。招标人应当预计该项费用并按投标人的投标报价向投标人支付该项费用。

（四）规费

（1）工程排污费：指施工现场按规定缴纳的排污费用。

（2）工程定额测定费：指按规定支付工程造价（定额）管理部门的定额测定费。

（3）社会保障费：包括养老保险费、失业保险费、医疗保险费。

（4）住房公积金。

（5）危险作业意外伤害保险。

（五）税金

税金是指国家税法规定的应计入建筑安装工程造价内的营业税、城市维护建设税及教育费附加税。

第四节　建筑工程费用

基本建设费用是指为完成工程项目建设并达到使用要求或生产条件，在建设期内预计或实际投入的全部费用之和。基本建设的工程项目主要分为生产性的建设项目和非生产性的建设项目两类。生产性建设项目的基本建设费用包括建设投资、建设期利息和流动资金三部分，非生产性建设项目的基本建设费用仅包括建设投资和建设期利息两部分。

一、建设投资

建设投资由工程费用、工程建设其他费用和预备费三部分组成。

（一）工程费用

工程费用由建筑安装工程费用和设备及工器具购置费两部分组成。

1. 建筑安装工程费用

建筑安装工程费是指为完成工程项目建造、生产性设备及配套工程安装所需的费用。具体分为建筑工程费用和安装工程费用两部分。

①建筑工程费用：包括房屋建筑物和市政构筑物的供水、供暖、卫生、通风、煤气等设备费用，房屋建筑物和市政构筑物的装设、油饰工程费用，以及其内的管道、电力、电信、电缆导线敷设工程的费用。②安装工程费用：包括生产、动力、起重、运输、传动和医疗、实验等各种需要安装的机械设备的装配费用，与设备相连的工作台、梯子、栏杆等设施的工程费用，附属于被安装设备的管线敷设工程费用，以及被安装设备的绝缘、防腐、保温、油漆等工作的材料费和安装费。

2. 设备及工器具购置费

设备及工器具购置费用，包括需要安装和不需要安装的设备及工器具购置费用。①设备购置费：指为建设项目购置或自制的达到固定资产标准的各种国产或进口设备、工具、器具的购置费用，它由设备原价和设备运输费构成[4]。②工具、器具及生产家具购置费：指为保证正式投入使用初期正常生产必须购置的没有达到固定资产标准的设备、仪器、工卡模具、器具、生产家具和备品备件等的购置费用。

（二）工程建设的其他费用

工程建设其他费用是指从工程筹建起到工程竣工验收交付使用止的整个建设期间，除建筑安装工程费用和设备及工器具购置费用以外的，为保证工程建设顺利完成和交付使用后能够正常发挥效用而发生的各项费用。具体包括建设用地费、与项目建设有关的其他费用（建设管理费、可行性研究费、研究试验费、勘察设计费、环境影响评价费、场地准备及临时设施费、引进技术和引进设备其他费、工程保险费、特殊设备安全监督检验费、市政公用设施费），与未来生产经营有关的其他费用（联合试运转费、专利及专有技术使用费和生产准备及开办费）等。

1. 建设用地费

4　都伟 . 公共设施 [M]，北京：机械工业出版社，2006.

建设用地费是指为获得工程项目建设土地的使用权而在建设期内发生的费用。具体内容包括：土地出让金或转让金、拆迁补偿费、青苗补偿费、安置补助费、新菜地开发建设基金、耕地占用税、土地管理费等与土地使用有关的各项费用。

2. 建设单位管理费

建设单位管理费是指建设单位从项目开工之日起至办理财务决算之日止发生的管理性质的开支。具体内容包括工作人员工资、工资性补贴、施工现场津贴、职工福利费、住房基金、基本养老保险费、基本医疗保险费、办公费、差旅交通费、劳动保险费、工具用具使用费、固定资产使用费、零星购置费、招募生产工人费、技术图书资料费、印花税、业务招待费、施工现场津贴、竣工验收费和其他管理性质开支。

3. 可行性研究费

可行性研究费是指在工程项目投资决策阶段，依据调研报告对有关建设方案、技术方案或生产经营方案进行的技术经济论证，以及编制、评审可行性研究报告所需的费用。

4. 研究试验费

研究试验费是指为建设项目提供或验证设计数据、资料等进行必要的研究试验及按照相关规定在建设过程中必须进行试验、验证所需的费用。

5. 勘察设计费

勘察设计费包括勘察费和设计费。勘察费是指勘察单位对施工现场进行地质勘查所需要的费用。设计费是指设计单位进行工程设计（包括方案设计及施工图设计）所需要的费用。

6. 环境影响评价费

环境影响评价费是指在工程项目投资决策过程中，依据有关规定，对工程项目进行环境污染或影响评价所需的费用。

7. 场地准备及临时设施费

场地准备及临时设施费包括场地准备费和临时设施费两部分内容。

①场地准备费：指为使工程项目的建设场地达到开工条件，由建设单位组织进行的场地平整等准备工作而发生的费用。②临时设施费：指建设单位为满足工程项目建设、生活、办公的需要，用于临时设施建设、维修、租赁、使用时所发生的费用。

8. 引进技术和引进设备其他费

引进技术和引进设备其他费是指引进技术和设备发生的，但未计入设备购置费中的费用。其具体内容包括引进项目图纸资料翻译复制费、备品备件测绘费、出国人员费用、来华人员费用、银行担保及承诺费等。

9. 工程保险费

工程保险费是指为转移工程项目建设的意外风险，在建设期内对工程本身以及相关机械设备和人身安全进行投保而发生的费用。它包括建筑安装工程一切险、引进设备财产保险和人身意外伤害险等。

10. 特殊设备安全监督检验费

特殊设备安全监督检验费是指安全监察部门对在施工现场组装的锅炉及压力容器、压力管道、消防设备、燃气设备、电梯等特殊设备和设施实施安全检验收取的费用。

11. 市政公用设施费

市政公用设施费是指使用市政公用设施的工程项目，按照项目所在地省级人民政府有关规定建设或缴纳的市政公用设施建设配套费用，以及绿化工程补偿费用。

12. 联合试运转费

联合试运转费是指新建或新增加生产能力的工程项目，在交付生产前按照设计文件规定的工程质量标准和技术要求，对整个生产线或装置进行负荷联合试运转所发生的费用净支出。如联动试车时购买原材料、动力费用（电、气、油等）、人工费、管理费等。

13. 专利及专有技术使用费

专利及专有技术使用费是指专利权人以外的他人在使用专利和专有技术时向专利权人交纳的一定数额的使用费用。金额在实施许可合同中由双方协商确定，支付方式也由使用者同专利权人协商确定。其具体内容包括：

①国外设计及技术资料费、引进有效专利、专有技术使用费和技术保密费；②国内有效专利、专有技术使用费；③商标权、商誉和特许经营权费等。

14. 生产准备及开办费

生产准备及开办费是指在建设期内，建设单位为保证项目正常生产而发生的人员培训费、提前进厂费以及投产使用所必备的办公、生活家具用具及工器具等购置费用。

（三）预备费

预备费包括基本预备费和差价预备费两部分。

1. 基本预备费

基本预备费是指针对项目实施过程中可能发生且难以预料的支出而事先预留的费用，又称工程建设不可预见费。主要内容包括：设计变更、材料代用、地基局部处理等增加的费用，自然灾害造成的损失和预防灾害所采取的措施费用，竣工验收时为鉴定工程质量对隐蔽工程进行必要的挖掘和修复费用等。

2. 价差预备费

价差预备费是指为在建设期内利率、汇率或价格等因素的变化而预留的可能增加的费用，也称价格变动不可预见费。

二、建设期利息

一个建设项目在建设期内需要投入大量的资金，自由资金不足的问题通常利用银行贷款来解决，但利用贷款必须支付利息。贷款内利息包括向国内银行和其他非银行金融机构贷款、出口信贷、外国政府贷款、国际商业银行贷款以及在境内外发行的债券等在贷款期内应偿还的贷款利息。

三、流动资金

流动资金是指生产性建设项目投产后，为进行正常的生产运营，用于购买原材料、燃料、支付工人工资及其他经营费用等所必不可少的周转资金。

第七章　建筑工程定额计价

计算建筑工程造价的依据种类繁多，其中建筑工程定额是建筑工程计价最主要的依据。在工程项目的各个建设阶段，编制不同的造价文件都需根据相应的工程定额来进行。因此，掌握建筑工程定额的基本知识，懂得各种建筑工程定额的概念、作用、内容组成、编制依据及方法等，是我们正确地应用建筑工程定额进行建筑工程造价预测及计算，编制建筑工程造价文件的一个重要前提。

第一节　建筑工程定额概述

一、工程定额的概念

所谓定额，就是规定的额度或限额，即规定的标准或尺度。

在社会生产中，为了完成某一合格产品，就必须要消耗（或投入）一定量的劳动力。但在生产发展的各个阶段，由于各阶段的生产力水平及关系不同，在产品生产中所消耗的活劳动与物化劳动的数量也就不同。但在一定的生产条件下，活劳动与物化劳动的消耗总有一个合理的数额。

定额的种类很多，在建设工程生产领域内的定额统称为建设工程定额。在合理的劳动组织和合理使用材料和机械的前提下，完成某一单位合格建筑产品所消耗的活劳动与物化劳动（资源）的数量标准或额度，称为工程建设定额，简称工程定额。

建筑工程定额是指在一定的社会生产力发展水平条件下，在正常的施工条件和合理的劳动组织，合理使用材料及机械的条件下，完成单位合格建筑工程产品所消耗的人工、材料、施工机械等资源的数量标准。它是建设工程定额中的一种。

定额中数量标准的多少称为定额水平，它是一定时期生产力的反映，与劳动生产率成反比，与资源消耗量成正比，它有平均先进水平和社会平均水平之分。

二、工程定额的特点

（一）科学性

工程定额的科学性包括两重含义：一是指工程定额和生产力发展水平相适应，反映出工程建设中生产消费的客观规律；二是指工程定额管理在理论、方法和手段上适应现代科学技术和信息社会发展的需要。

工程定额的科学性，首先表现在用科学的态度制定定额，尊重客观实际，力求定额水平合理；其次表现在制定定额的技术方法上，利用现代科学管理，形成一套系统的、完整的、在实践中行之有效的方法；最后表现在定额制定和贯彻的一体化。制定是为了提供贯彻的依据，贯彻是为了实现管理的目标，也是对定额的信息反馈。

（二）系统性

工程定额是一个相对独立的系统，它是由多种定额结合而成的有机整体。它的结构复杂，有鲜明的层次，有明确的目标。工程定额的系统性是由工程建设的特点决定的。

（三）统一性

工程定额的统一性主要是由国家对经济发展计划的宏观调控职能决定的。为了使国民经济按照既定的目标发展，就需要借助某些标准、定额、参数等，对工程建设进行规划、组织、调节、控制。而这些标准、定额、参数必须在一定范围内是一种统一的尺度，才能实现上述职能，才能利用它们对项目的决策、设计方案、投标报价、成本控制进行比较和评价[5]。工程定额的统一性按照其影响力和执行范围，有全国统一定额、地区统一定额和行业统一定额等；按照定额的制定、颁布和贯彻使用，有统一的程序、统一的原则、统一的要求和统一的用途。

（四）权威性

工程定额具有很大的权威性，这种权威性在一些情况下具有经济法规性质。权威性反映统一的意志和统一的要求，也反映信誉和信赖程度及定额的严肃性。

工程建设定额的权威性的客观基础是定额的科学性。只有科学的定额才具有权威。

（五）稳定性和时效性

工程建设定额中的任何一种都是一定时期技术发展和管理水平的反映，因而在一段时间内都表现出稳定的状态。稳定的时间有长有短，一般为 5 年至 10 年。保持定额的稳定性是维护定额的权威性所必需的，更是有效贯彻定额所必需的。如果某种定额处于

5　刘兴昌 . 建筑工程规划 [M]. 北京 : 中国建筑工业出版社，2006.

经常修改变动之中，那么必然造成执行中的混乱，使人们感到没有必要去认真对待它，很容易导致定额权威性的丧失。工程建设定额的不稳定也会给定额的编制工作带来极大的困难。但是工程建设定额的稳定性是相对的，且具有一定的时效性。当某种定额使用一定时间后，社会生产力向前发展了，原有的定额内容及水平就会与已经发展了的生产力不相适应。这样，定额原有的作用就会逐步减弱以至消失，需要重新编制或修订。

三、工程定额的分类

工程定额的种类很多，根据生产要素、用途、费用性质、主编单位和执行范围、专业的不同，可分为以下几类。

（一）按生产要素分类

进行物质资料生产必须具备的三要素是劳动者、劳动对象和劳动手段。劳动者是指生产工人，劳动对象是指建筑材料和各种半成品等，劳动手段是指生产机具和设备。为了满足工程建设施工活动的需要，工程定额按三个不同的生产要素分为劳动消耗定额、材料消耗定额和机械台班消耗定额。

（二）按用途分类

在工程定额中，按其用途可分为施工定额、预算定额、概算定额、概算指标和投资估算指标。

（1）施工定额。施工定额是以同一性质的施工过程—工序作为研究对象编制的，是企业内部使用的一种定额，具有企业定额的性质。施工定额是建设工程定额中分项最细、定额子目最多的一种定额，也是建设工程定额中的基础性定额，由劳动定额、材料消耗定额和施工机械台班消耗定额组成。施工定额是编制预算定额的基础。

（2）预算定额。预算定额是以建筑物或构筑物各个分部分项工程为对象编制的定额。预算定额是以施工定额为基础综合扩大编制的，同时也是编制概算定额的基础。预算定额是编制施工图预算的主要依据，是编制单位估价表、确定工程造价、控制建设工程投资的基础和依据。预算定额是一种计价性定额。

（3）概算定额。概算定额是以扩大的分部分项工程为对象编制的，一般是在预算定额的基础上综合扩大而成的，也是一种计价性定额。概算定额是编制并扩大初步设计概算、确定建设项目投资额的依据。

（4）概算指标。概算指标是概算定额的扩大与合并，是以整个建筑物或构筑物为对象，以更为扩大的计量单位来编制的。它一般是在概算定额的基础上编制的，是设计单位编制设计概算或建设单位编制年度投资计划的依据，也可作为编制估算指标的基础。

（5）投资估算指标。估算指标通常是以独立的单项工程或完整的工程项目为对象，是在项目建议书和可行性研究阶段编制投资估算、计算投资需要量时使用的一种指标，是合理确定建设工程项目投资的基础。

（三）按费用性质分类

按国家有关规定制定的计取间接费等费用的性质分类，工程定额可分为直接费定额、间接费定额、其他费用定额等。

建筑工程费用定额也称为取费定额，建筑安装工程费用定额一般包括两部分：内容措施费定额和间接费定额。它是指在编制施工图预算时，按照预算定额计算建筑安装工程定额直接费以后，应计取的间接费、利润和税金等取费标准。现行费用定额是根据国家建设部的统一部署，各省市按照国家建设部确定的编制原则和项目划分方案，结合本地区的实际情况进行编制。建筑工程费用定额必须与相应的预算定额配套使用，应该遵循各地区的具体取费情况规定。

（四）按主编单位和执行范围分类

按照主编单位和管理权限，可将建设工程定额分为全国统一定额、行业统一定额、地区统一定额、企业定额、补充定额等。

全国统一定额是由国家建设行政主管部门综合全国工程建设中技术和施工组织管理的情况编制，并在全国范围内执行的定额。

行业统一定额是由行业建设行政主管部门，考虑到各行业部门专业工程技术特点以及施工生产和管理水平所编制的，一般只在本行业和相同专业性质的范围内使用。

地区统一定额是由地区建设行政主管部门，考虑地区性特点和全国统一定额水平做适当调整和补充而编制的，仅在本地区范围内使用。

企业定额是指由施工企业考虑本企业的具体情况，参照国家、部门或地区定额进行编制，只在本企业内部使用的定额。企业定额水平应高于国家现行定额才能满足生产技术发展、企业管理和增强市场竞争力的需要。

补充定额是指随着设计、施工技术的发展，在现行定额不能满足需要的情况下，为了补充缺陷所编制的定额。补充定额只能在指定的范围内使用，可以作为以后修订定额的基础。补充定额是定额体系中的一个重要内容，也是一项必不可少的内容。当设计图纸中某个工程采用新的结构或材料，而在预算定额中未编制此类项目时，为了确定工程的完整造价，就必须编制补充定额。今后推广清单报价，逐步淡化现有定额体系后更需要它，以便编制企业内部定额。

（五）按专业不同分类

按专业的不同，定额可分为建筑工程定额、安装工程定额、建筑工程定额、装饰工程定额、仿古及园林工程定额、爆破工程定额、公路工程定额、铁路工程定额、水利工程定额等。

第二节　建筑工程设计概算

一、设计概算概述

（一）设计概算的概念

设计概算是初步设计概算的简称，是指在初步设计或扩大初步设计阶段，由设计单位根据初步设计图纸、定额、指标、其他工程费用定额等，对工程投资进行的概略计算，这是初步设计文件的重要组成部分，是确定工程设计阶段投资的依据，经过批准的设计概算是控制工程建设投资的最高限额。

（二）设计概算的内容

设计概算分为三级概算，即单位工程概算、单项工程综合概算、建设项目总概算。

（1）单位工程概算。单位工程概算是确定各单位工程建设费用的文件，是编制单项工程综合概算的依据，是单项工程综合概算的组成部分。

（2）单项工程综合概算。单项工程综合概算是确定一个单项工程所需建设费用的文件，它是由单项工程中的各单位工程概算汇总编制而成的，是建设项目总概算的组成部分。

（3）建设项目总概算。建设项目总概算是确定整个建设项目从筹建到竣工验收所需全部费用的文件。它是由各个单项工程综合概算以及工程建设其他费用和预备费用概算汇总编制而成的。

（三）设计概算的作用

设计概算主要有以下几方面的作用：

（1）设计概算是确定建设项目、各单项工程及各单位工程投资的依据。按照规定报请有关部门或单位批准的初步设计及总概算，一经批准即作为建设项目静态总投资的最高限额，不得任意突破，必须突破时需要报原审批部门（单位）批准。

（2）设计概算是编制投资计划的依据。计划部门根据批准的设计概算编制建设项目年固定资产投资计划，并严格控制投资计划的实施。若建设项目实际投资数额超过了总概算，那么必须在原设计单位和建设单位共同提出追加投资的申请报告基础上，经上级计划部门审核批准后，方能追加投资。

(3)设计概算是进行拨款和贷款的依据。银行根据批准的设计概算和年度投资计划，进行拨款和贷款，并严格实行监督控制。对超出概算的部分，未经计划部门批准，银行不得追加拨款和贷款。

(4)设计概算是实行投资包干的依据。在进行概算包干时，单项工程综合概算及建设项目总概算是投资包干指标商定和确定的基础，尤其经上级主管部门批准的设计概算或修正概算，是主管单位和包干单位签订包干合同，控制包干数额的依据。

(5)设计概算是考核设计方案的经济合理性和控制施工图预算的依据。设计单位根据设计概算进行技术经济分析和多方案评价，以提高设计质量和经济效果，同时保证施工图预算在设计概算的范围内。

(6)设计概算是进行各种施工准备、设备供应指标、加工订货及落实各项技术经济责任制的依据。

(7)设计概算是控制项目投资，考核建设成本，提高项目实施阶段工程管理和经济核算水平的必要手段。

二、设计概算的编制

(一)编制依据

(1)经批准的建设项目计划任务书。计划任务书由国家或地方基建主管部门批准，其内容随建设项目的性质而异。一般包括建设目的、建设规模、建设理由、建设布局、建设内容、建设进度、建设投资、产品方案和原材料来源等。

(2)初步设计或扩大初步设计图纸和说明书。有了初步设计图纸和说明书，才能了解其设计内容和要求，并计算主要工程量，这些是编制设计概算的基础资料。

(3)概算指标、概算定额或综合概算定额。概算指标、概算定额和综合概算定额，是由国家或地方基建主管部门颁发的，是计算价格的依据，不足部分可参照预算定额或其他有关资料。

(4)设备价格资料。各种定型设备(如各种用途的泵、空压机、蒸汽锅炉等)均按国家有关部门规定的现行产品出厂价格计算，非标准设备按非标准设备制造厂的报价计算。此外，还应增加供销部门的手续费、包装费、运输费及采购保管等费用资料。

(5)地区工资标准和材料预算价格。

(6)有关取费标准和费用定额。

（二）单位工程概算的编制

单位建筑工程设计概算，是在初步设计或扩大初步设计阶段进行的。它是利用国家颁发的概算定额、概算指标或综合预算定额等，按照设计要求进行粗略地计算工程造价，以及确定人工、材料和机械等需要量的一种方法。因此，它的特点是编制工作较为简单，但在精度上没有建筑工程施工图预算准确[6]。

一般情况下，施工图预算造价不允许超过设计概算造价，以便使设计概算能起着控制施工图预算的作用。所以，单位建筑工程设计概算的编制，既要保证及时性，又要保证正确性。

建筑工程设计概算的编制方法包括扩大单价法、概算指标法、类似工程预算法。

（1）扩大单价法。当初步设计达到一定深度、结构比较明确时，可采用这种方法编制工程概算。

采用扩大单价法编制概算，首先应根据概算定额编制扩大单位估价表（概算定额基础价）。概算定额是按一定计算单位规定的、扩大分部分项工程或扩大结构部门的劳动、材料和机械台班的消耗量标准。扩大单位估价表是确定单位工程中各扩大分部分项工程或完整的结构所需全部材料费、人工费、施工机械使用费之和的文件。

采用扩大单价法编制工程概算比较准确，但计算比较烦琐，只有具备一定的设计基本知识，熟悉概算定额，才能弄清分部分项的扩大综合内容，才能正确地计算扩大分部分项的工程量。同时在套用扩大单位估价时，如果所在地区的工资标准及材料预算价格与概算定额不一致时，则需要重新编制扩大单位估价或将测定系数加以调整。

（2）概算指标法。当初步设计深度不够，不能准确地计算工程量，但工程采用的技术比较成熟而又有类似概算指标可以利用时，可采用概算指标法来编制概算。

概算指标是指按一定计量单位规定的，比概算定额更综合扩大的分部工程或单位工程等的劳动、材料和机械台班的消耗量标准和造价指标。

（3）类似工程预算法。当工程设计对象与已建成或在建工程相类似，结构特征基本相同，或者概算定额和概算指标不全，就可以采用这种方法编制单位工程概算。

类似工程预算法就是以原有的相似工程的预算为基础，按编制概算指标的方法，求出单位工程的概算指标，再按概算指标法编制建筑工程概算。利用类似预算，应考虑以下条件：

1）设计对象与类似预算的设计在结构上的差异。

2）设计对象与类似预算的设计在建筑上的差异。

6　王云江．建筑工程概论 [M]. 北京：中国建筑工业出版社，2007.

3）地区工资的差异。

4）材料预算价格的差异。

5）施工机械使用费的差异。

6）间接费用的差异。

其中1)、2）两项差异可参考修正概算指标的方法加以修正，3）～6）项则须编制修正系数。计算修正系数时，先求类似预算的人工工资、材料费、机械使用费、间接费在全部价值中所占比重，然后分别求其修正系数，最后求出总的修正系数。用总修正系数乘以类似预算的价值，就可以得出概算价值。

（三）单项工程综合概算编制

综合概算是以单项工程为编制对象，确定建成后可独立发挥作用的建筑物或构筑物所需全部建设费用的文件，由该单项工程内各单位工程概算书汇总而成。综合概算书是工程项目总概算书的组成部分，是编制总概算书的基础文件，一般由编制说明和综合概算表两个部分组成。

（四）总概算的编制

总概算是确定整个建设项目从筹建到建成全部建设费用的文件。它由组成建设项目的各个单项工程综合概算及工程建设其他费用和预备费、固定资产投资方向调节税等汇总编制而成。

总概算的编制方法如下：

（1）按总概算组成的顺序和各项费用的性质，将各个单项工程综合概算及其他工程和费用概算汇总列入总概算表。

（2）将工程项目和费用名称及各项数值填入相应各栏内，然后按各栏分别汇总。

（3）以汇总后总额为基础，按取费标准计算预备费用、建设期利息、固定资产投资方向调节税、铺底流动资金。

（4）计算回收金额。回收金额是指在整个基本建设过程中所获得的各种收入。回收金额的计算方法，应按地区主管部门的规定执行。

（5）计算总概算价值。

总概算价值＝第一部分费用＋第二部分费用＋预备费＋建设期利息＋固定资产投资方向调节税＋铺底流动资金－回收金额

（6）计算技术经济指标。整个项目的技术经济指标应选择有代表性和能说明投资效果的指标填列。

（7）投资分析。为对基本建设投资分配、构成等情况进行分析，应在总概算表中计算出各项工程和费用投资占总投资的比例，在表的末栏计算出每项费用的投资占总投资的比例。

三、设计概算的审查

（一）设计概算审查的内容

（1）审查设计概算的编制依据。以国家综合部门的文件，国务院主管部门和各省、市、自治区根据国家规定或授权制定的各种规定及办法，建设项目的设计文件等为重点审查对象。

1）审查编制依据的合法性。采用的各种编制依据必须经过国家或授权机关的批准，符合国家的编制规定，未经批准的不能采用。也不能强调情况特殊，擅自提高概算定额、指标或费用标准。

2）审查编制依据的时效性。各种依据，如定额、指标、价格、取费标准等，都应根据国家有关部门的现行规定进行，注意有无调整和新的规定。有的虽然颁发时间较长，但不能全部适用，有的应按有关部门所做的调整系数执行。

3）审查编制依据的适用范围。各种编制依据都有规定的适用范围，如各主管部门规定的各种专业定额及其取费标准，只适用于该部门的专业工程；各地区规定的各种定额及其取费标准，只适用于该地区的范围以内。特别是地区内的材料预算价格的区域性更强，如某市有该市区的材料预算价格，却又编制了郊区内一个矿区的材料预算价格，那么在该市的矿区建设中，其概算采用的材料预算价格则应采用矿区的价格，而不能采用该市的价格。

（2）审查概算编制深度。

1）审查编制说明。审查编制说明可以检查概算的编制方法、深度和编制依据等重大原则问题。

2）审查概算编制深度。一般大中型项目的设计概算应有完整的编制说明和“三级概算”（总概算表、单项工程综合概算表、单位工程概算表），并按有关规定的深度进行编制。审查是否有符合规定的“三级概算”，各级概算的编制、校对、审核是否按规定签署。

3）审查概算的编制范围。审查概算编制范围及具体内容是否与主管部门批准的建设项目范围及具体工程内容一致，审查分期建设项目的建筑范围及具体工程内容有无重复交叉，是否重复计算或漏算，审查其他费用所列的项目是否都符合规定，静态投资、动态投资和经营性项目铺底流动资金是否分部列出等。

（3）审查建设规模、标准。审查概算的投资规模、生产能力、设计标准、建设用地、建筑面积、主要设备、配套工程、设计定员等是否符合原批准可行性研究报告或立项批文的标准。如概算总投资超过原批准投资估算１０％以上，应进一步审查超估算的原因。

（4）审查设备规格、数量和配置。工业建设项目设备投资比重大，一般占总投资的30%～50%，要认真审查。审查所选用的设备规格、台数是否与生产规模一致，材质、自动化程度有无提高标准，引进设备是否配套、合理，备用设备台数是否适当，消防、环保设备是否计算在内等等。还要重点审查价格是否合理、是否符合有关规定，如国产设备应按当时询价资料或有关部门发布的出厂价、信息价，引进设备应依据询价或合同价编制概算。

（5）审查工程费。建筑安装工程投资是随工程量增加而增加的，要认真审查。要根据初步设计图纸、概算定额及工程量计算规则、专业设备材料表、建（构）筑物和总图运输一览表进行审查，审查有无多算、重算、漏算。

（6）审查计价指标。审查建筑工程采用工程所在地区的计价定额、费用定额、价格指数和有关人工、材料、机械台班单价是否符合现行规定；审查安装工程所采用的专业部门或地区定额是否符合工程所在地区的市场价格水平，概算指标调整系数、主材价格、人工、机械台班和辅材调整系数是否按当地最新规定执行；审查引进设备安装费率或计取标准、部分行业专业设备安装费率是否按有关规定计算等。

（7）审查其他费用。工程建设其他费用投资约占项目总投资的25%以上，必须认真逐项审查。审查费用项目是否按国家统一规定计列，具体费率或计取标准、部分行业专业设备安装费率是否按有关规定计算等。

（二）设计概算审查的方法

（1）全面审查法。全面审查法是指按照全部施工图的要求，结合有关预算定额分项工程中的工程细目，逐一、全部地进行审核的方法。其具体计算方法和审核过程与编制预算的计算方法和编制过程基本相同。

全面审查法的优点是全面、细致，所审核过的工程预算质量高，差错比较少；缺点是工作量太大。全面审查法一般适用于一些工程量较小、工艺比较简单、编制工程预算力量较薄弱的设计单位所承包的工程。

（2）重点审查法。抓住工程预算中的重点进行审查的方法，称为重点审查法。

一般情况下，重点审查法的内容如下：

1）选择工程量大或造价较高的项目进行重点审查。

2）对补充单价进行重点审查。

3）对计取的各项费用的费用标准和计算方法进行重点审查。

重点审查工程预算的方法应灵活掌握。例如，在重点审查中，如发现问题较多，应扩大审查范围;反之，如没有发现问题，或者发现的差错很小，应考虑适当缩小审查范围。

（3）经验审查法。经验审查法是指监理工程师根据以前的实践经验，审查容易发生差错的那些部分工程项目的方法。

（4）分解对比审查法。把一个单位工程，按直接费与间接费进行分解，然后再把直接费按工种工程和分部工程进行分解，分别与审定的标准图预算进行对比分析的方法，称为分解对比审查法。

这种方法是把拟审的预算造价与同类型的定型标准施工图或复用施工图的工程预算造价相比较。如果出入不大，就可以认为本工程预算问题不大，不再审查;如果出入较大，比如超过或少于已审定的标准设计施工图预算造价的1%或3%以上（根据本地区要求），再按分部分项工程进行分解，边分解边对比，哪里出入较大，就进一步审查那一部分工程项目的预算价格。

（三）设计概算审查的步骤

设计概算审查是一项复杂而细致的技术经济工作，审查人员既应懂得有关专业技术知识，又应具有熟练编制概算的能力，一般情况下可按如下步骤进行：

（1）准备概算审查。概算审查的准备工作包括了解设计概算的内容组成、编制依据和方法，了解建设规模、设计能力和工艺流程，熟悉设计图纸和说明书、掌握概算费用的构成和有关技术经济指标，明确概算各种表格的内涵，收集概算定额、概算指标、取费标准等有关规定的文件资料等。

（2）进行概算审查。根据审查的主要内容，分别对设计概算的编制依据、单位工程设计概算、综合概算、总概算进行逐级审查。

（3）进行技术经济对比分析。利用规定的概算定额或指标以及有关技术经济指标与设计概算进行分析对比，根据设计和概算列明的工程性质、结构类型、建设条件、费用构成、投资比例、占地面积、生产规模、设备数量、造价指标、劳动定员等与国内外同类型工程规模进行对比分析，从大的方面找出与同类型工程的距离，为审查提供线索。

（4）研究、定案、调整概算。对概算审查中出现的问题要在对比分析、找出差距的基础上深入现场进行实际调查研究。了解设计是否经济合理、概算编制依据是否符合现行规定和施工现场实际、有无扩大规模、多估投资或预留缺口等情况，并及时核实概算投资。对于当地没有同类型的项目不能进行对比分析时，可向国内同类型企业进行调查、收集资料，作为审查的参考。经过会审决定的定案问题应及时调整概算，并经原批准单位下发文件。

第三节　建筑工程概算定额

一、概算定额的概念

概算定额是指生产一定计量单位的经扩大的建筑工程所需要的人工、材料和机械台班的消耗数量及费用的标准。概算定额是在预算定额的基础上，根据有代表性的工程通用图和标准图等资料，进行综合、扩大和合并而成。

概算定额与预算定额的相同处，都是以建（构）筑物各个结构部分和分部分项工程为单位表示的，内容也包括人工、材料和机械台班使用量定额三个基本部分，并列有基准价。概算定额表达的主要内容、主要方式及基本使用方法都与综合预算定额相近。

定额基准价＝定额单位人工费＋定额单位材料费＋定额单位机械费

综合概算定额基准价＝人工概算定额消耗量 × 人工工资单价＋∑（材料概算定额消耗量 × 材料预算价格）＋∑（施工机械概算定额消耗量 × 机械台班费用单价）

概算定额与预算定额的不同之处在于项目划分和综合扩大程度上的差异。同时，概算定额主要用于设计概算的编制。由于概算定额综合了若干分项工程的预算定额，因此使概算工程量计算和概算表的编制都比编制施工图预算简化了很多。

编制概算定额时，应考虑到能适应规划、设计、施工各阶段的要求。概算定额与预算定额应保持一致水平，即在正常条件下，能反映大多数企业的设计、生产及施工管理水平。概算定额的内容和深度是以预算定额为基础的综合与扩大。在合并中不得遗漏或增加细目，以保证定额数据的严密性和正确性。概算定额务必达到简化、准确和适用。

二、概算定额的作用

（1）概算定额是在扩大初步设计阶段编制概算，技术设计阶段编制修正概算的主要依据。

（2）概算定额是编制建筑安装工程主要材料申请计划的基础。

（3）概算定额是进行设计方案技术经济比较和选择的依据。

（4）概算定额是编制概算指标的计算基础。

（5）概算定额是确定基本建设项目投资额、编制基本建设计划、实行基本建设大包干、控制基本建设投资和施工图预算造价的依据。

因此，正确合理地编制概算定额对提高设计概算的质量，加强基本建设经济管理，合理使用建设资金、降低建设成本，充分发挥投资效果等方面都具有重要的作用。

三、概算定额的编制

（一）概算定额编制的依据

（1）现行的全国通用的设计标准、规范和施工验收规范。

（2）现行的预算定额。

（3）标准设计和有代表性的设计图纸。

（4）过去颁发的概算定额。

（5）现行的人工工资标准、材料预算价格和施工机械台班单价。

（6）有关施工图预算和结算资料。

（二）概算定额编制的原则

为了提高设计概算质量，加强基本建设、经济管理，合理使用国家建设资金，降低建设成本，充分发挥投资效果，在编制概算定额时必须遵循以下原则[7]。

（1）使概算定额适应设计、计划、统计和拨款的要求，更好地为基本建设服务。

（2）概算定额水平的确定，应与预算定额的水平基本一致。必须反映正常条件下大多数企业的设计、生产施工管理水平。

（3）概算定额的编制深度要适应设计深度的要求，项目划分应坚持简化、准确和适用的原则。以主体结构分项为主，合并其他相关部分，进行适当综合扩大；概算定额项目计量单位的确定与预算定额要尽量一致；应考虑统筹法及应用电子计算机编制的要求，以简化工程量和概算的计算编制。

（4）为了稳定概算定额水平，统一考核尺度和简化计算工程量，编制概算定额时，原则上必须根据规则计算。对于设计和施工变化多且影响工程量多、价差大的，应根据有关资料进行测算，综合取定常用数值；对于其中还包括不了的个性数值，可适当做一些调整。

（三）概算定额编制的方法

（1）确定定额计量单位。概算定额计量单位基本上按预算定额的规定执行，虽然单位的内容扩大，但是仍用 m、m^2 和 m^3 等。

（2）确定概算定额与预算定额的幅度差。由于概算定额是在预算定额基础上进行适当的合并与扩大。因此，在工程量取值、工程的标准和施工方法的确定上需综合考虑，

7　杜文风，张慧．空间结构 [M]. 北京：中国电力出版社，2008.

且定额与实际应用必然会产生一些差异。国家允许预留一个合理的幅度差，以便依据概算定额编制的设计概算能控制住施工图预算。对于概算定额与预算定额之间的幅度差，国家规定一般控制在5%以内。

（3）定额小数取位。概算定额小数取位与预算定额相同。

四、概算指标

（一）概算指标的概念及作用

概算指标是以一个建筑物或构筑物为对象，按各种不同的结构类型，确定每100平方米或1000立方米和每座为计量单位的人工、材料和机械台班（机械台班一般不以量列出，用系数计入）的消耗指标（量）或每万元投资额中各种指标的消耗数量。概算指标比概算定额更加综合扩大，因此，它是编制初步设计或扩大初步设计概算的依据。

概算指标的作用是：

（1）在初步设计阶段，作为编制工程设计概算的依据。这是指在没有条件计算工程量时，只能使用概算指标。

（2）设计单位在方案设计阶段，进行方案设计技术经济分析和估算的依据。

（3）在建设项目的可行性研究阶段，作为编制项目的投资估算的依据。

（4）在建设项目规划阶段，作为估算投资和计算资源需要量的依据。

（二）概算指标编制的原则

（1）按平均水平确定概算指标的原则。在我国社会主义市场经济条件下，概算指标作为确定工程造价的依据同样必须遵照价值规律的客观要求，在其编制时必须按社会必要劳动时间，贯彻平均水平的编制原则。只有这样才能使概算指标合理确定和控制工程造价的作用得到充分发挥。

（2）概算指标的内容与表现形式要贯彻简明适用的原则。为适应市场经济的客观要求，概算指标的项目划分应根据用途的不同，确定其项目的综合范围。遵循粗而不漏、适应面广的原则，体现综合扩大的性质。概算指标从形式到内容应该简明易懂，要便于在采用时根据拟建工程的具体情况进行必要的调整换算，且能在较大范围内满足不同用途的需要。

（3）概算指标的编制依据必须具有代表性。概算指标所依据的工程设计资料，应是有代表性的，技术上是先进的，经济上是合理的。

第四节　建筑工程预算定额

一、建筑工程预算定额的种类

（一）按专业性质分

按专业性质分，建筑工程预算定额可分为通用项目、道路工程、桥涵工程、隧道工程、给水工程、排水工程、燃气与集中供热工程、路灯工程、地铁工程九种定额。

（二）按管理权限和执行范围分

按管理权限和执行范围分，建筑工程预算定额可分为全国统一定额、行业统一定额和地区统一定额。

（三）按物资要素分

按物资要素分，建筑工程预算定额可分为劳动定额、机械定额和材料消耗定额，它们相互依存形成一个整体，不具有独立性。

二、建筑工程预算定额的性质特点

建筑工程预算定额是按社会平均水平的原则确定的，它反映一定时期社会的生产力水平和产品质量标准。建筑工程定额是国家为了使全国的市政建设工程有一个统一的造价核算尺度和质量标准衡量尺度，用以比较、考核各地区、各部门市政建设工程经济效果和施工管理水平。国家工程建设主管部门或其授权机关，对完成质量合格各分项工程的单位产品所消耗的人工、材料和施工机械台班，按社会平均必要耗用量的原则，确定了生产各个分项工程的人工、材料和施工机械台班消耗量的标准，用以确定人工费、材料费和施工机械台班使用费，并以法令形式颁发执行。因此，“全国统一建筑工程预算定额”具有法令性性质。

随着我国建设市场的不断成熟与发展，市政预算定额的法令性近年来有所减弱。但由于我国地域辽阔、幅员广大，各地经济文化差异明显，工程造价计价存在着双轨并行的局面。即在大力推行工程量清单计价方式的同时，保留着传统定额计价的方式。而且，工程定额在当前还是工程造价管理工作的重要手段，因此，在学习建筑工程造价确定方法时，除对GB50500—2008《建设工程工程量清单计价规范》进行深入学习外，还必须对建筑工程定额和定额计价方法等有关知识有所掌握。

三、施工图预算编制内容

①列出分项工程项目，简称列项。

②计算工程量。

③套用预算定额及定额基价换算。

④工料分析及汇总。

⑤计算直接费。

⑥材料价差调整。

⑦计算间接费。

⑧计算利润。

⑨计算税金。

⑩汇总为工程造价。

四、建筑工程预算定额的编制依据

（1）现行设计规范、施工及验收规范，质量评定标准和安全操作规程。

（2）现行劳动定额和施工定额。预算定额是在现行劳动定额和施工定额的基础上编制的。预算定额中人工、材料、机械台班消耗水平，需要根据劳动定额或施工定额取定；预算定额的计量单位的选择，也要以施工定额为参考，从而保证两者的协调和可比性，减轻预算定额的编制工作量，缩短编制时间。

（3）现行的预算定额、材料预算价格、人工工资标准、机械台班单价及有关文件规定等。

（4）推广的新技术、新结构、新材料和先进的施工方法等。

（5）有关科学实验、技术测定和统计、经验资料。

（6）具有代表性的典型工程施工图及有关标准图册。

五、建筑工程预算定额的编制原则

（一）坚持统一性

建筑工程预算定额编制时应遵从全国统一市场规范计价的行为以及全统定额的规划、实施规章、制度、办法等。

（二）注意差别性

建筑工程预算定额编制时除在统一的基础上，还应参照各部门和省、自治区、直辖市主管部门在自辖范围内，根据本部门和本地区的具体情况制定部门和地区性定额、补充性制度和管理办法，以适应我国幅员辽阔、地区间发展不平衡和差异大的客观情况[8]。

（三）按社会平均水平确定的理念

预算定额必须遵照价值规律的客观要求，按生产过程中所消耗的社会必要劳动时间确定定额水平，即按照“在现有社会正常的生产条件下，在社会平均的劳动熟练程度和劳动强度下制造某种使用价值所需要的劳动时间”来确定定额水平。

预算定额的水平大多数以施工单位的施工定额水平为基础，但预算定额绝不是简单地套用施工定额的水平，在比施工定额的工作内容综合扩大的预算定额中，也包含更多的可变因素，需要保留合理的浮动范围因此，在编制预算定额时应控制在一定范围之内。

（四）简明适用性

预算定额在编制时对于那些主要的、常用的、价值量大的项目分项工程划分宜细；次要的、不常用的、价值量相对较小的项目可以粗一些，以达到项目少、内容全、简明适用的目的。

另外，在工程量计算时，应尽可能地避免同一种材料用不同的计量单位和一量多用，尽量减少定额附注和换算系数。

第五节　建筑工程施工定额

一、建筑工程施工定额的概念

建筑工程施工定额（也称技术定额）是直接用于建筑工程施工管理中的一种定额，是施工企业管理工作的基础。它是以同一性质的施工过程为测定对象，在正常施工条件下完成单位合格产品所需消耗的人工、材料和机械台班的数量标准。它由劳动定额、材料消耗定额、机械台班定额三部分组成。

施工定额是以工序定额为基础，由工序定额结合而成的，可直接用于施工之中[9]。

8　李慧丽 . 市政与环境工程系列丛书给排水科学与工程专业习题集 [M]. 哈尔滨：哈尔滨工业大学出版社，2018.

9　曹艳阳 . 建筑工程计量与计价 [M]. 北京：北京理工大学出版社，2018.

二、建筑工程施工定额的基本形式

（一）劳动定额

劳动定额反映建筑产品生产中活劳动消耗量的标准数额，是指在正常的生产（施工）组织和生产（施工）技术条件下，为完成单位合格产品或完成一定量的工作所预先规定的必要劳动消耗量的标准数额。

劳动定额按其表示方法又分为“时间定额”和“产量定额”两种。

时间定额与产量定额互成倒数，即：

$$时间定额=\frac{1}{产量定额} \text{ 或 } 产量定额=\frac{1}{时间定额}$$

（二）材料消耗定额

指在生产（施工）组织和生产（施工）技术条件正常、材料供应符合技术要求、合理使用材料的条件下，完成单位合格产品所需一定品种规格的建筑材料、配件消耗量的标准数额。

材料消耗定额包括消耗材料和损失材料。前者又包括直接用于建筑产品的材料、不可避免的生产（施工）废料和材料损耗。

（三）机械台班使用定额

指施工机械在正常生产（施工）条件下，合理地组织劳动和使用机械，完成单位合格产品或某项工作所必需的工作时间。其中也包括准备与结束时间、基本生产时间、辅助生产时间以及不可避免的中断时间与工人必须的休息时间。

机械台班定额分为“机械时间定额”“机械台班产量定额”两种形式。

第八章　建筑工程量清单计价

第一节　工程量清单计价概述

“工程量清单”是建设工程实行清单计价的专用名词，它表示的是实行工程量清单计价的建设工程的分部分项工程项目、措施项目、其他项目、规费项目和税金项目的名称和相应数量。采用工程量清单计价，建设工程造价由分部分项工程费、措施项目费、其他项目费、规费和税金组成。

一、工程量清单

建筑工程的分部分项工程项目、措施项目、其他项目、规费项目和税金项目的名称和相应数量等的明细清单。其中分部分项工程量清单表明了建筑工程的全部实体工程的名称和相应的工程数量。措施项目清单表明了为完成工程项目施工，发生于该工程准备和施工过程中的技术、生活、安全、环境保护等方面的非工程实体项目的相关费用。

二、工程量清单计价

工程量清单计价方法，是在建设工程招投标中，招标人或委托具有资质的中介机构编制反映工程实体消耗和措施性消耗的工程量清单，并作为招标文件的一部分提供给投标人，由投标人依据工程量清单自主报价的计价方式。在工程招投标中采用工程量清单计价是国际上较为通行的做法[10]。

工程量清单计价办法的主旨就是在全国范围内，统一项目编码、统一项目名称、统一计量单位、统一工程量计算规则。在这四统一的前提下，由国家主管职能部门统一编制《建设工程工程量清单计价规范》，作为强制性标准在全国统一实施。

10　王云江 . 建筑工程概论 [M]. 北京 : 中国建筑工业出版社，2007.

三、工程量清单的作用

工程量清单是工程量清单计价的基础，应作为编制招标控制价、投标报价、计算工程量、支付工程款、调整合同价款、办理竣工结算以及工程索赔等的依据之一。

四、工程量清单计价的特点

（一）统一计价规则

通过制定统一的建设工程量清单计价方法、统一的工程量计量规则、统一的工程量清单项目设置规则，达到规范计价行为的目的。这些规则和办法是强制性的，建设各方面都应该遵守，这是工程造价管理部门首次在文件中明确政府的职能权限范围。

（二）有效控制消耗量

通过政府发布统一的社会平均消耗量指导标准，为企业提供一个社会平均尺度，避免企业盲目或随意大幅度减少或扩大消耗量，从而达到保证工程质量的目的。

（三）彻底放开价格

将工程消耗量定额中的工、料、机价格和利润，管理费全面放开，由市场的供求关系自行确定价格。

（四）企业自主报价

投标企业根据自身的技术专长、材料采购渠道和管理水平等，制定企业自己的报价定额，自主报价。企业尚无报价定额的，可参考使用造价管理部门颁布的《建设工程消耗量定额》。

（五）市场有序竞争形成价格

通过建立与国际惯例接轨的工程量清单计价模式，引入充分竞争形成价格的机制，制定衡量投标报价合理性的基础标准。在投标过程中，有效引入竞争机制，淡化标底的作用，在保证质量、工期的前提下，按国家《招标投标法》及有关条款规定，最终以“不低于成本”的合理低价者中标。

第二节　工程量清单的编制

工程量清单是表现拟建工程的分部分项工程项目、措施项目、其他项目、规费项目和税金项目的名称和相应数量的明细清单。工程量清单包括分部分项工程量清单、措施项目清单、其他项目清单、规费项目清单和税金项目清单。

（1）工程量清单应由招标人负责编制，若招标人不具有编制工程量清单的能力，则可根据《工程造价咨询企业管理办法》（原建设部第 149 号令）的规定，委托具有工程造价咨询性质的工程造价咨询人编制。

（2）采用工程量清单方式招标，工程量清单必须作为招标文件的组成部分，其准确性和完整性由招标人负责。

（3）工程量清单是工程量清单计价的基础，应作为编制招标控制价、投标报价、计算工程量、支付工程款、调整合同价款、办理竣工结算以及工程索赔等的依据之一。

一、工程量清单编制的依据

工程量清单应依据以下资料进行编制：

（1）《建设工程工程量清单计价规范》（GB50500—2008）；

（2）国家或省级、行业建设主管部门颁发的计价依据和办法；

（3）建设工程设计文件；

（4）与建设工程项目有关的标准、规范、技术资料；

（5）招标文件及其补充通知、答疑纪要；

（6）施工现场情况、工程特点及常规施工方案；

（7）其他相关资料。

二、分部分项工程量清单

（1）分部分项工程量清单应包括项目编码、项目名称、项目特征、计量单位和工程量。这是构成分部分项工程量清单的五个要件，在分部分项工程量清单的组成中缺一不可。

（2）分部分项工程量清单应根据《建设工程工程量清单计价规范》（GB50500—2008）中附录规定的项目编码、项目名称、项目特征、计量单位和工程量计算规则进行编制。

（3）分部分项工程量清单的项目编码应采用十二位阿拉伯数字表示。其中一、二位为工程分类顺序码，建筑工程为 01、装饰装修工程为 02、安装工程为 03、建筑工程为 04、园林绿化工程为 05、矿山工程为 06；三、四位为专业工程顺序码；五、六位为分部工程顺序码；七、八、九位为分项工程项目名称顺序码；十至十二位为清单项目名称顺序码，应根据拟建工程的工程量清单项目名称设置，同一招标工程的项目编码不得有重码。

在编制工程量清单时应注意对项目编码的设置不得有重码，特别是当同一标段（或合同段）的一份工程量清单中含有多个单项或单位工程且工程量清单是以单项或单位工程为编制对象时，应注意项目编码中的十至十二位的设置不得重码。例如，一个标段（或合同段）的工程量清单中含有三个单项或单位工程，每一单项或单位工程中都有项目特征相同的钢筋混凝土方桩，在工程量清单中又需反映三个不同单项或单位工程的钢筋混凝土方桩工程量时，工程量清单应以单项或单位工程为编制对象，第一个单项或单位工程的钢筋混凝土方桩的项目编码为040301003001，第二个单项或单位工程的钢筋混凝土方桩的项目编码为040301003002，第三个单项或单位工程的钢筋混凝土方桩的项目编码为040301003003，并分别列出各单项或单位工程钢筋混凝土方桩的工程量。

（4）分部分项工程量清单的项目名称应按《建设工程工程量清单计价规范》（GB50500—2008）附录的项目名称结合拟建工程的实际确定。

（5）分部分项工程量清单中所列工程量应按《建设工程工程量清单计价规范》（GB50500—2008）附录中规定的工程量计算规则计算[11]。工程量的有效位数应遵守下列规定：

1）以“t”为单位，应保留三位小数，第四位小数四舍五入；

2）以“m^3”“m^2”“m”“kg”为单位，应保留两位小数，第三位小数四舍五入；

3）以“个”“项”等为单位，应取整数。

（6）分部分项工程量清单的计量单位应按《建设工程工程量清单计价规范》（GB50500—2008）附录中规定的计量单位确定，当计量单位有两个或两个以上时，应根据拟建工程项目的实际，选择最适宜表现该项目特征并方便计量的单位。

（7）分部分项工程量清单项目特征应按《建设工程工程量清单计价规范》（GB50500—2008）附录中规定的项目特征，结合拟建工程项目的实际予以描述。工程量清单的项目特征是确定一个清单项目综合单价不可缺少的主要依据。

对工程量清单项目的特征描述具有十分重要的意义，其主要体现在以下几个方面：

1）项目特征是区分清单项目的依据。工程量清单项目特征是用来表述分部分项清单项目的实质内容，用于区分计价规范中同一清单条目下各个具体的清单项目。没有项目特征的准确描述，对于相同或相似的清单项目名称，就无从区分。

2）项目特征是确定综合单价的前提。由于工程量清单项目的特征决定了工程实体的实质内容，因此直接决定了工程实体的自身价值。因此，工程量清单项目特征描述得

11 陈伯兴 . 建筑工程造价计算指南 [M]. 北京：中国建筑工业出版社，2018.

准确与否，直接关系到工程量清单项目综合单价的准确确定。

3）项目特征是履行合同义务的基础。实行工程量清单计价，工程量清单及其综合单价是施工合同的组成部分，因此，如果工程量清单项目特征的描述不清甚至漏项、错误，从而引起在施工过程中的更改，都会引起分歧，导致纠纷。

正因为如此，在编制工程量清单时，必须对项目特征进行准确且全面的描述，准确地描述工程量清单的项目特征对于准确地确定工程量清单项目的综合单价具有决定性的作用。

在按《建设工程工程量清单计价规范》（GB50500—2008）的附录对工程量清单项目的特征进行描述时，应注意“项目特征”与“工程内容”的区别。“项目特征”是工程项目的实质,决定着工程量清单项目的价值大小,而“工程内容”主要讲的是操作程序,是承包人完成能通过验收的工程项目所必须要操作的工序。在《建设工程工程量清单计价规范》中，工程量清单项目与工程量计算规则、工程内容具有一一对应的关系，当采用清单计价规范进行计价时，工作内容既有规定，无需再对其进行描述。而“项目特征”栏中的任何一项都影响着清单项目的综合单价的确定，招标人应高度重视分部分项工程量清单项目特征的描述，任何不描述或描述不清，均会在施工合同履约过程中产生分歧，导致纠纷、索赔。例如，边墙砌筑按照清单计价规范中编码为 040402008 项目中“项目特征”栏的规定，发包人在对工程量清单项目进行描述时，就必须要对边墙砌筑的厚度、材料品种、规格、砂浆强度等级进行详细的描述，因为这其中任何一项的不同都直接影响着边墙砌筑的综合单价。而在该项“工程内容”栏中阐述了边墙砌筑应包括砌筑、勾缝、抹灰等施工工序，这些工序即便发包人不提，承包人为完成合格边墙砌筑工程也必然要经过，因而发包人在对工程量清单项目进行描述时就没有必要对边墙砌筑的施工工序对承包人提出规定。

但有些项目特征用文字往往又难以准确和全面地描述清楚。因此，为达到规范、简捷、准确、全面地描述项目特征的要求，在描述工程量清单项目特征时应按以下原则进行。

1）项目特征描述的内容应按《建设工程工程量清单计价规范》（GB50500—2008）附录中的规定，结合拟建工程的实际，能满足确定综合单价的需要。

2）若采用标准图集或施工图纸能够全部或部分满足项目特征描述的要求，项目特征描述可直接采用详见 ×× 图集或 ×× 图号的方式。对不能满足项目特征描述要求的部分，仍应用文字描述。

（8）编制工程量清单出现《建设工程工程量清单计价规范》（GB50500—2008）附录中未包括的项目，编制人应做补充，并报省级或行业工程造价管理机构备案，省级或行业工程造价管理机构应汇总报住房和城乡建设部标准定额研究所。补充项目的编码由附录的顺序码与 B 和三位阿拉伯数字组成，并应从 ×B001 起顺序编制，同一招标工程的项目不得重码。工程量清单中需附有补充项目的名称、项目特征、计量单位、工程量计算规则、工程内容。

三、措施项目清单

（1）措施项目清单应根据拟建工程的实际情况列项。通用措施项目可按表 8—1 选择列项，专业工程的措施项目可按《建设工程工程量清单计价规范》（GB50500—2008）附录中规定的项目选择列项。若出现《建设工程工程量清单计价规范》（GB50500—2008）未列的项目，可根据工程实际情况补充。

表 8–1　通用措施项目一览表

序号	项目名称
1	安全文明施工（含环境保护、文明施工、安全施工、临时设施）
2	夜间施工
3	二次搬运
4	冬雨季施工
5	大型机械设备进出场及安拆
6	施工排水
7	施工降水
8	地上、地下设施，建筑物的临时保护设施
9	已完工程及设备保护

（2）措施项目中可以计算工程量的项目清单宜采用分部分项工程量清单的方式编制，列出项目编码、项目名称、项目特征、计量单位和工程量计算规则。不能计算工程量的项目清单，以“项”为计量单位。

（3）《建设工程工程量清单计价规范》（GB50500—2008）将实体性项目划分为分部分项工程量清单，非实体性项目划分为措施项目。所谓非实体性项目，一般来说，其费用的发生和金额的大小与使用时间、施工方法或者两个以上工序相关，与实际完成的实体工程量的多少关系不大，典型的是大中型施工机械、文明施工和安全防护、临时设施等。但有的非实体性项目，则是可以计算工程量的项目，典型的是混凝土浇筑的模板工程，用分部分项工程量清单的方式采用综合单价，更有利于措施费的确定和调整，更有利于合同管理。

四、其他项目清单

（1）其他项目清单宜按照下列内容列项：

1）暂列金额。暂列金额是招标人在工程量清单中暂定并包括在合同价款中的一笔款项。暂列金额在“03规范”《建设工程工程量清单计价规范》（GB50500—2003）中称为“预留金”，但由于“03规范”中对“预留金”的定义不是很明确，发包人也不能正确认识到“预留金”的作用，因而发包人往往回避“预留金”项目的设置。新版《建设工程工程量清单计价规范》（GB50500—2008）中明确规定暂列金额用于施工合同签订时尚未确定或者不可预见的所需材料、设备、服务的采购、施工中可能发生的工程变更、合同约定调整因素出现时的工程价款调整以及发生的索赔、现场签证确认等的费用。

不管采用何种合同形式，工程造价理想的标准是一份合同的价格就是其最终的竣工结算价格，或者至少两者应尽可能接近。我国规定对政府投资工程实行概算管理，经项目审批部门批复的设计概算是工程投资控制的刚性指标，即使商业性开发项目也有成本的预先控制问题，否则，无法相对准确地预测投资的收益和科学合理地进行投资控制。但工程建设自身的特性决定了工程的设计需要根据工程进展不断地进行优化和调整，业主需求可能会随工程建设进展出现变化，工程建设过程还会存在一些不能预见、不能确定的因素。消化这些因素必然会影响合同价格的调整，暂列金额正是为这类不可避免的价格调整而设立，以便达到合理确定和有效控制工程造价的目标。

另外，暂列金额列入合同价格不等于就属于承包人所有了，即使是总价包干合同，也不等于列入合同价格的所有金额就属于承包人，是否属于承包人应得金额取决于具体的合同约定，只有按照合同约定程序实际发生后，才能成为承包人的应得金额，纳入合同结算价款中。扣除实际发生金额后的暂列金额余额仍属于发包人所有。设立暂列金额并不能保证合同结算价格不会再出现超过合同价格的情况，是否超出合同价格完全取决于工程量清单编制人暂列金额预测的准确性，以及工程建设过程中是否出现了其他事先未预测到的事件。

2）暂估价。暂估价是指招标阶段直至签订合同协议时，招标人在招标文件中提供的用于支付必然发生但暂时不能确定价格的材料以及专业工程的金额。暂估价包括材料暂估单价和专业工程暂估价。暂估价类似于FIDIC合同条款中的Prime cost Items，在招标阶段预见肯定要发生，只是因为标准不明确或者需要由专业承包人完成，暂时无法确定价格。暂估价数量和拟用项目应当结合工程量清单中的“暂估价表”予以补充说明。

为方便合同管理，需要纳入分部分项工程量清单项目综合单价中的暂估价应只是材料费，以方便投标人组价。

专业工程的暂估价一般应是综合暂估价，应当包括除规费和税金以外的管理费、利润等取费。总承包招标时，专业工程设计深度往往是不够的，一般需要交由专业设计人员设计，国际上，出于提高可建造性考虑，一般由专业承包人负责设计，以发挥其专业技能和专业施工经验的优势。这类专业工程交由专业分包人完成是国际工程的良好实践，目前在我国工程建设领域也已经比较普遍。公开透明地合理确定这类暂估价的实际开支金额的最佳途径，就是通过施工总承包人与工程建设项目招标人共同组织的招标。

3）计日工。计日工在“03 规范”中称为“零星项目工作费”。计日工是为解决现场发生的零星工作的计价而设立的，其为额外工作和变更的计价提供了一个方便快捷的途径。计日工适用的所谓零星工作一般是指合同约定之外的或者因变更而产生的、工程量清单中没有相应项目的额外工作，尤其是时间急而又无法定价的额外工作。计日工以完成零星工作所消耗的人工工时、材料数量、机械台班进行计量，并按照计日工表中填报的适用项目的单价进行计价支付。

国际上常见的标准合同条款中，大多数都设立了计日工（Day work）计价机制。但在我国以往的工程量清单计价实践中，由于计日工项目的单价水平一般要高于工程量清单项目的单价水平，因而经常被忽略。从理论上讲，由于计日工往往是用于一些突发性的额外工作，缺少计划性，承包人在调动施工生产资源方面难免不影响已经计划好的工作，生产资源的使用效率也有一定的降低，客观上造成超出常规的额外投入。另外，其他项目清单中计日工往往是一个暂定的数量，无法纳入有效的竞争。所以合理的计日工单价水平一定是要高于工程量清单的价格水平的。为获得合理的计日工单价，发包人在其他项目清单中对计日工一定要给出暂定数量，并需要根据经验尽可能估算一个较接近实际的数量。

4）总承包服务费。总承包服务费是为了解决招标人在法律、法规允许的条件下进行专业工程发包，以及自行供应材料、设备，并需要总承包人对发包的专业工程提供协调和配合服务，对供应的材料、设备提供收、发和保管服务以及进行施工现场管理时发生，并向总承包人支付的费用。招标人应预计该项费用并按投标人的投标报价向投标人支付该项费用。

（2）当工程实际进行中出现上述第（1）条中未列出的其他项目清单项目时，可根据工程实际情况进行补充，如工程竣工结算时出现的索赔和现场签证等。

五、规费项目清单

规费是根据省级政府或省级有关权力部门规定必须缴纳的，应计入建筑安装工程造价的费用。根据原建设部、财政部《关于印发＜筑安装工程费用项目组成＞的通知》（建标[2003]206号）的规定，规费包括工程排污费、工程定额测定费、社会保障费（养老保险、失业保险、医疗保险）、住房公积金、危险作业意外伤害保险。清单编制人对《建筑安装工程费用项目组成》未包括的规费项目，在编制规费项目清单时应根据省级政府或省级有关权力部门的规定列项。

规费项目清单中应按下列内容列项：

（1）工程排污费；

（2）工程定额测定费；

（3）社会保障费：包括养老保险费、失业保险费、医疗保险费；

（4）住房公积金；

（5）危险作业意外伤害保险。

六、税金项目清单

根据原建设部、财政部《关于印发＜建筑安装工程费用项目组成＞的通知》（建标[2003]206号）的规定，目前我国税法规定应计入建筑安装工程造价的税种包括营业税、城市建设维护税及教育费附加。如国家税法发生变化，税务部门依据职权增加了税种，应对税金项目清单进行补充。

税金项目清单应按下列内容列项：

（1）营业税；

（2）城市维护建设税；

（3）附加教育费。

第三节　工程量清单计价

一、招标控制价

招标控制价是招标人根据国家或省级、行业建设主管部门颁发的有关计价依据和办法，按设计施工图纸计算的，对招标工程限定的最高工程造价。国有资金投资的工程建设项目应实行工程量清单招标，并应编制招标控制价。

（一）招标控制价的作用

（1）我国对国有资金投资项目的投资控制实行的是投资概算审批制度，国有资金投资的工程原则上不能超过批准的投资概算。因此，在工程招标发包时，当编制的招标控制价超过批准的概算，招标人应当将其报原概算审批部门重新审核[12]。

（2）国有资金投资的工程进行招标，根据《中华人民共和国招标投标法》的规定，招标人可以设标底。当招标人不设标底时，为客观、合理地评审投标报价和避免哄抬标价，造成国有资产流失，招标人应编制招标控制价。

（3）国有资金投资的工程，招标人编制并公布的招标控制价相当于招标人的采购预算，同时要求其不能超过批准的概算，因此，招标控制价是招标人在工程招标时能接受投标人报价的最高限价。国有资金中的财政性资金投资的工程在招标时还应符合《中华人民共和国政府采购法》相关条款的规定。如该法第三十六条规定："在招标采购中，出现下列情形之一的，应予废标，投标人的报价均超过了采购预算，采购人不能支付的。"所以国有资金投资的工程，投标人的投标报价不能高于招标控制价，否则，其投标将被拒绝。

（二）招标控制价的编制人员

招标控制价应由具有编制能力的招标人编制，当招标人不具有编制招标控制价的能力时，可委托具有相应资质的工程造价咨询人编制。工程造价咨询人不得同时接受招标人和投标人对同一工程的招标控制价和投标报价进行编制。

所谓具有相应工程造价咨询资质的工程造价咨询人是指根据《工程造价咨询企业管理办法》（原建设部令第 149 号）的规定，依法取得工程造价咨询企业资质，并在其资质许可的范围内接受招标人的委托，编制招标控制价的工程造价咨询企业。即取得甲级工程造价咨询资质的咨询人可承担各类建设项目的招标控制价编制，取得乙级（包括乙级暂定）工程造价咨询资质的咨询人，则只能承担 5000 万元以下的招标控制价的编制。

（三）招标控制价编制的依据

招标控制价的编制应根据下列资料进行：

（1）《建设工程工程量清单计价规范》（GB50500—2008）；

（2）国家或省级、行业建设主管部门颁发的计价定额和计价办法；

（3）建设工程设计文件及相关资料；

12　王伟胜．建筑工程质量常见问题防治手册 [M]. 北京：中国建筑工业出版社，2018.

（4）招标文件中的工程量清单及有关要求；

（5）与建设项目相关的标准、规范、技术资料；

（6）工程造价管理机构发布的工程造价信息——工程造价信息没有发布的参照市场价；

（7）其他的相关资料。

按上述依据进行招标控制价编制，应注意以下事项：

（1）使用的计价标准、计价政策应是国家或省级、行业建设主管部门颁布的计价定额和相关政策规定；

（2）采用的材料价格应是工程造价管理机构通过工程造价信息发布的材料单价，工程造价信息未发布材料单价的材料，其材料价格应通过市场调查确定；

（3）国家或省级、行业建设主管部门对工程造价计价中费用或费用标准有规定的，应按规定执行。

（四）招标控制价的编制

（1）分部分项工程费应根据招标文件中的分部分项工程量清单项目的特征描述及有关要求，按规定确定综合单价进行计算。综合单价中应包括招标文件中要求投标人承担的风险费用。招标文件提供了暂估单价的材料，按暂估的单价计入综合单价。

（2）措施项目费应按招标文件中提供的措施项目清单确定，措施项目采用分部分项工程综合单价形式进行计价的工程量，应按措施项目清单中的工程量，并按规定确定综合单价；以"项"为单位的方式计价的，按规定确定除规费、税金以外的全部费用。措施项目费中的安全文明施工费应当按照国家或省级、行业建设主管部门的规定标准计价。

（3）其他项目费应按下列规定计价。

1）暂列金额。暂列金额由招标人根据工程特点，按有关计价规定进行估算确定。为保证工程施工建设的顺利实施，在编制招标控制价时应对施工过程中可能出现的各种不确定因素对工程造价的影响进行估算，列出一笔暂列金额。暂列金额可根据工程的复杂程度、设计深度、工程环境条件（包括地质、水文、气候条件等）进行估算，一般可按分部分项工程费的 10% ~ 15% 作为参考。

2）暂估价。暂估价包括材料暂估价和专业工程暂估价。暂估价中的材料单价应按照工程造价管理机构发布的工程造价信息或参考市场价格确定；暂估价中的专业工程暂估价应分不同专业，按有关计价规定估算。

3）计日工。计日工包括计日工人工、材料和施工机械。在编制招标控制价时，对计日工中的人工单价和施工机械台班单价应按省级、行业建设主管部门或其授权的工程造价管理机构公布的单价计算；材料应按工程造价管理机构发布的工程造价信息中的材料单价计算，工程造价信息未发布材料单价的材料，其价格应按市场调查确定的单价计算。

4）总承包服务费。招标人应根据招标文件中列出的内容和向总承包人提出的要求，参照下列标准计算：

①招标人仅要求对分包的专业工程进行总承包管理和协调时，按分包的专业工程估算造价的 1.5% 计算；②招标人要求对分包的专业工程进行总承包管理和协调，并同时要求提供配合服务时，根据招标文件中列出的配合服务内容和提出的要求，按分包的专业工程估算造价的 3% ~ 5% 计算；③招标人自行供应材料的，按招标人供应材料价值的 1% 计算。

（4）招标控制价的规费和税金必须按国家或省级、行业建设主管部门的规定计算。

（五）招标控制价编制注意事项

（1）招标控制价的作用决定了招标控制价不同于标底，无需保密。为体现招标的公平、公正，防止招标人有意抬高或压低工程造价，招标人应在招标文件中如实公布招标控制价，不得对所编制的招标控制价进行上浮或下调。招标人在招标文件中公布招标控制价时，应公布招标控制价各组成部分的详细内容，不得只公布招标控制价总价。同时，招标人应将招标控制价报工程所在地的工程造价管理机构备查。

（2）投标人经复核认为招标人公布的招标控制价未按照《建设工程工程量清单计价规范》（GB50500—2008）的规定进行编制的，应在开标前 5 天向招投标监督机构或（和）工程造价管理机构投诉。招投标监督机构应会同工程造价管理机构对投诉进行处理，发现确有错误的，应责成招标人修改。

二、投标价

1. 投标价编制的依据

投标报价应依据下列资料进行编制：

（1）《建设工程工程量清单计价规范》（GB50500—2008）；

（2）国家或省级、行业建设主管部门颁发的计价办法；

（3）企业定额，国家或省级、行业建设主管部门颁发的计价定额；

（4）招标文件、工程量清单及其补充通知、答疑纪要；

（5）建设工程设计文件及相关资料；

（6）施工现场情况、工程特点及拟定的投标施工组织设计或施工方案；

（7）与建设项目相关的标准、规范等技术资料；

（8）市场价格信息或工程造价管理机构发布的工程造价信息；

（9）其他相关资料。

2. 投标价的编制

（1）分部分项工程费。分部分项工程费包括完成分部分项工程量清单项目所需的人工费、材料费、施工机械使用费、企业管理费、利润，以及一定范围内的风险费用。分部分项工程费应按分部分项工程清单项目的综合单价计算。投标人投标报价时依据招标文件中分部分项工程量清单项目的特征描述确定清单项目的综合单价。在招投标过程中，当出现招标文件中分部分项工程量清单特征描述与设计图纸不符时，投标人应以分部分项工程量清单的项目特征描述为准，确定投标报价的综合单价。当施工中施工图纸或设计变更与工程量清单项目特征描述不一致时，发、承包双方应按实际施工的项目特征，依据合同约定重新确定综合单价。

招标文件中提供了暂估单价的材料，应按暂估的单价计入综合单价；综合单价中应考虑招标文件中要求投标人承担的风险内容及其范围（幅度）产生的风险费用。在施工过程中，当出现的风险内容及其范围（幅度）在合同约定的范围内时，工程价款不做调整。

（2）措施项目费。

1）投标人可根据工程实际情况并结合施工组织设计，对招标人所列的措施项目进行增补。由于各投标人拥有的施工装备、技术水平和采用的施工方法有差异，招标人提出的措施项目清单是根据一般情况确定的，没有考虑不同投标人的不同情况，投标人投标时应根据自身编制的投标施工组织设计或施工方案确定措施项目，对招标人提供的措施项目进行调整。投标人根据投标施工组织设计或施工方案调整和确定的措施项目应通过评标委员会的评审。

2）措施项目费的计算原则：

①措施项目的内容应依据招标人提供的措施项目清单和投标人投标时拟定的施工组织设计或施工方案制定；②措施项目费的计价方式应根据招标文件的规定，可以计算工程量的措施清单项目采用综合单价方式报价，其余的措施清单项目采用以“项”为计量单位的方式报价；③措施项目费由投标人自主确定，但其中安全文明施工费应按国家或省级、行业建设主管部门的规定确定，且不得作为竞争性费用。

（3）其他项目费。投标人对其他项目费投标报价应按以下原则进行：

1）暂列金额应按照其他项目清单中列出的金额填写，不得变动。

2）暂估价不得变动和更改。暂估价中的材料必须按照其他项目清单中列出的暂估单价计入综合单价；专业工程暂估价必须按照其他项目清单中列出的金额填写。

3）计日工应按照其他项目清单列出的项目和估算的数量，自主确定各项综合单价并计算费用。

4）总承包服务费应依据招标人在招标文件中列出的分包专业工程内容和供应材料、设备情况，按照招标人提出的协调、配合与服务要求和施工现场的管理需要自主确定。

（4）规费和税金。规费和税金应按国家或省级、行业建设主管部门的规定计算，不得作为竞争性费用。规费和税金的计取标准是依据有关法律、法规和政策规定制定的，具有强制性。投标人是法律、法规和政策的执行者，不能改变，更不能指定，而必须按照法律、法规、政策的有关规定执行。

（5）投标总价。实行工程量清单招标，投标人的投标总价应当与组成工程量清单的分部分项工程费、措施项目费、其他项目费和规费、税金的合计金额一致，即投标人在投标报价时，不能进行投标总价优惠（或降价、让利），投标人对招标人的任何优惠（或降价、让利）均应反映在相应清单项目的综合单价中。

三、工程合同价款的约定

（1）实行招标的工程，合同约定不得违背招标文件中关于工期、造价、资质等方面的实质性内容。所谓合同实质性内容，按照《中华人民共和国合同法》第三十条规定："有关合同标的、数量、质量、价款或者报酬、履行期限、履行地点和方式、违约责任和解决争议方法等的变更，是对要约内容的实质性变现。"

在工程招投标及建设工程合同签订过程中，招标文件应视为要约邀请，投标文件为要约，中标通知书为承诺。因此，在签订建设工程合同时，当招标文件与中标人的投标文件有不一致的地方时，应以投标文件为准。

（2）工程合同价款的约定是建设工程合同的主要内容。根据相关法律条款的规定，实行招标的工程合同价款应在中标通知书发出之日起 30 天内，由发、承包双方依据招标文件和中标人的投标文件在书面合同中约定。

不实行招标的工程合同价款，在发、承包双方认可的工程价款基础上，由发、承包双方在合同中约定。

工程合同价款的约定应满足以下几个方面的要求：

1）约定的依据要求：招标人向中标的投标人发出的中标通知书。

2）约定的时间要求：自招标人发出中标通知书之日起 30 天内。

3）约定的内容要求：招标文件和中标人的投标文件。

4）合同的形式要求：书面合同。

（3）合同形式。工程建设合同的形式主要有单价合同和总价合同两种。合同的形式对工程量清单计价的适用性不构成影响，无论是单价合同还是总价合同均可采用工程量清单计价。区别仅在于工程量清单中所填写的工程量的合同约束力。采用单价合同形式时，工程量清单是合同文件必不可少的组成内容，其中的工程量一般具备合同约束力（量可调），工程款结算时按照合同中约定应予计量并实际完成的工程量进行调整。由招标人提供统一的工程量清单则彰显了工程量清单计价的主要优点。而对总价合同形式，工程量清单中的工程量不具备合同的约束力（量不可调），工程量以合同图纸的标示内容为准，工程量以外的其他内容一般均赋予合同约束力，以方便合同变更的计量和计价。

《建设工程工程量清单计价规范》（GB50500—2008）规定："实行工程量清单计价的工程，宜采用单价合同方式。"即合同约定的工程价款中所包含的工程量清单项目综合单价在约定条件内是固定的，不予调整，工程量允许调整。工程量清单项目综合单价在约定的条件外，允许调整。但调整方式、方法应在合同中约定。

清单计价规范规定实行工程量清单计价的工程宜采用单价合同，并不表示排斥总价合同。总价合同适用于规模不大、工序相对成熟、工期较短、施工图纸完备的工程施工项目。

（4）合同价款的约定事项。发、承包双方应在合同条款中对下列事项进行约定：合同中没有约定或约定不明的，由双方协商确定；协商不能达到一致的，按《建设工程工程量清单计价规范》（GB50500—2008）执行。

1）预付工程款的数额、支付时间及抵扣方式。预付款是发包人为解决承包人在施工准备阶段资金周转问题提供的协助。如使用大宗材料，可根据工程具体情况设置工程材料预付款。

2）工程计量与支付工程进度款的方式、数额及时间。

3）工程价款的调整因素、方法、程序、支付及时间。

4）索赔与现场签证的程序、金额确认与支付时间。

5）发生工程价款争议的解决方法及时间。

6）承担风险的内容、范围以及超出约定内容、范围的调整办法。

7）工程竣工价款结算编制与核对、支付及时间。

8）工程质量保证（保修）金的数额、预扣方式及时间。

9）与履行合同、支付价款有关的其他事项等。

由于合同中涉及工程价款的事项较多，能够详细约定的事项应尽可能具体约定，约定的用词应尽可能简洁明了，如有几种解释，最好对用词进行定义，尽量避免因理解上的歧义造成合同纠纷。

四、工程计量与价款支付

（一）预付款的支付和抵扣

发包人应按合同约定的时间和比例（或金额）向承包人支付工程预付款。支付的工程预付款，按合同约定在工程进度款中抵扣。当合同对工程预付款的支付没有约定时，按以下规定办理：

（1）工程预付款的额度：原则上预付比例不低于合同金额（扣除暂列金额）的10%，不高于合同金额（扣除暂列金额）的 30%，对重大工程项目，按年度工程计划逐年预付。实行工程量清单计价的工程，实体性消耗和非实体性消耗部分宜在合同中分别约定预付款比例（或金额）。

（2）工程预付款的支付时间：在具备施工条件的前提下，发包人应在双方签订合同后的一个月内或约定的开工日期前的 7 天内预付工程款。

（3）若发包人未按合同约定预付工程款，承包人应在预付时间到期后 10 天内向发包人发出要求预付款的通知，发包人收到通知后仍不按要求预付，承包人可在发出通知 14 天后停止施工，发包人应从约定应付之日起按同期银行贷款利率计算向承包人支付应付预付的利息，并承担违约责任。

（4）凡是没有签订合同或不具备施工条件的工程，发包人不得预付工程款，不得以预付款为名转移资金。

（二）进度款的计量与支付

发包人支付工程进度款，应按照合同计量和支付。工程量的正确计量是发包人向承包人支付工程进度款的前提和依据。计量和付款周期可采用分段或按月结算的方式。

（1）按月结算与支付。即实行按月支付进度款，竣工后结算的办法。合同工期在两个年度以上的工程，在年终进行工程盘点，办理年度结算。

（2）分段结算与支付。即当年开工、当年不能竣工的工程按照工程计量进度，划分不同阶段，支付工程进度款。

当采用分段结算方式时，应在合同中约定具体的工程分段划分，付款周期应与计量周期一致。

（三）工程价款计量与支付方法

（1）工程计量。

1）工程计量时，若发现工程量清单中出现漏项、工程量计算偏差，以及工程变更引起工程量的增减，应按承包人在履行合同义务过程中实际完成的工程量为准。

2）承包人应按照合同约定，向发包人递交已完工程量报告。发包人应在接到报告后按合同约定进行核对。当发、承包双方在合同中未对工程量的计量时间、程序、方法和要求做约定时，按以下规定处理：

①承包人应在每个月末或合同约定的工程段末向发包人递交上月或工程段已完工程量报告。②发包人应在接到报告后 7 天内按施工图纸（含设计变更）核对已完工程量，并应在计量前 24 小时通知承包人，承包人应按时参加。③计量结果：

a. 如发、承包双方均同意计量结果，则双方应签字确认。

b. 如承包人未按通知参加计量，则由发包人批准的计量应认为是对工程量的正确计量。

c. 如发包人未在规定的核对时间内进行计量，视为承包人提交的计量报告已经认可。

d. 如发包人未在规定的核对时间内通知承包人，致使承包人未能参加计量，则由发包人所做的计量结果无效。

e. 对于承包人超出施工图纸范围或因承包人原因造成返工的工程量，发包人不予计量。

f. 如承包人不同意发包人的计量结果，承包人应在收到上述结果后 7 天内向发包人提出，申明承包人认为不正确的详细情况。发包人收到后，应在 2 天内重新检查对有关工程量的计量，或予以确认，或将其修改。发、承包双方认可的核对后的计量结果应作为支付工程进度款的依据。

（2）工程进度款支付申请。承包人应在每个付款周期末（月末或合同约定的工程段完成后），向发包人递交进度款支付申请，并附相应的证明文件。除合同另有约定外，进度款支付申请应包括下列内容：

1）本周期已完成工程的价款；

2）累计已完成的工程价款；

3）累计已支付的工程价款；

4）本周期已完成计日工金额；

5）应增加和扣减的变更金额；

6）应增加和扣减的索赔金额；

7）应抵扣的工程预付款。

（3）发包人支付工程进度款。在收到承包人递交的工程进度款支付申请及相应的证明文件后，发包人应在合同约定时间内核对承包人的支付申请并应按合同约定的时间和比例向承包人支付工程进度款。发包人应扣回的工程预付款，与工程进度款同期结算抵扣。

当发、承包双方在合同中未对工程进度款支付申请的核对时间以及工程进度款支付时间、支付比例做出约定时，按以下规定办理：

1）发包人应在收到承包人的工程进度款支付申请后 14 天内核对完毕。否则，从第 15 天起承包人递交的工程进度款支付申请视为被批准。

2）发包人应在批准工程进度款支付申请的 14 天内，向承包人按不低于计量工程价款的 60%、不高于计量工程价款的 90% 向承包人支付工程进度款。

3）发包人在支付工程进度款时，应按合同约定的时间、比例（或金额）扣回工程预付款。

（四）争议的处理

（1）发包人未在合同约定时间内支付工程进度款，承包人应及时向发包人发出要求付款的通知，发包人收到承包人通知后仍不按要求付款，可与承包人协商签订延期付款协议，经承包人同意后延期支付。协议应明确延期支付的时间和从付款申请生效后按同期银行贷款利率计算应付款的利息。

（2）发包人不按合同约定支付工程进度款，双方又未达成延期付款协议，导致施工无法进行时，承包人可停止施工，由发包人承担违约责任。

五、索赔与现场签证

（一）索赔

（1）索赔的条件。合同一方向另一方提出索赔时，应有正当的索赔理由和有效证据，并应符合合同的相关约定。建设工程施工中的索赔是发、承包双方行使正当权利的行为，承包人可向发包人索赔，发包人也可向承包人索赔。任何索赔事件的确立，其前提条件是必须有正当的索赔理由。对正当索赔理由的说明必须具有证据，因为进行索赔主要是靠证据说话。没有证据或证据不足，索赔是难以成功的。

（2）索赔证据。

1）索赔证据的要求。一般有效的索赔证据都具有以下几个特征：

①及时性：既然干扰事件已发生，又意识到需要索赔，就应在有效时间内提出索赔意向。在规定的时间内报告事件的发展影响情况，提交索赔的详细额外费用计算账单，对发包人或工程师提出的疑问及时补充有关材料。如果拖延太久，将增加索赔工作的难度。②真实性：索赔证据必须是在实际过程中产生，完全反映实际情况，能经得住对方

的推敲。由于在工程过程中合同双方都在进行共同管理，收集工程资料，所以双方应有相同的证据。使用不实的、虚假证据是违反商业道德甚至法律的。③全面性：所提供的证据应能说明事件的全过程。索赔报告中所涉及的干扰事件、索赔理由、索赔值等都应有相应的证据，不能凌乱和支离破碎，否则发包人将退回索赔报告，要求重新补充证据。这会拖延索赔的解决，损害承包商在索赔中的有利地位。④关联性：索赔的证据应当能互相说明，相互具有关联性，不能互相矛盾。⑤法律证明效力：索赔证据必须有法律证明效力，特别是准备递交仲裁的索赔报告更要注意这一点。

a．证据必须是当时的书面文件，一切口头承诺、口头协议不算。

b．合同变更协议必须由双方签署，或以会谈纪要的形式确定，且为决定性决议。一切商讨性、意向性的意见或建议都不算。

c．工程中的重大事件、特殊情况的记录应由工程师签署认可。

2）索赔证据的种类。

①招标文件、工程合同、发包人认可的施工组织设计、工程图纸、技术规范等。②工程各项有关的设计交底记录、变更图纸、变更施工指令等。③工程各项经发包人或合同中约定的发包人现场代表或监理工程师签认的签证。④工程各项往来信件、指令、信函、通知、答复等。⑤工程各项会议纪要。⑥施工计划及现场实施情况记录。⑦施工日报及工长工作日志、备忘录。⑧工程送电、送水、道路开通、封闭的日期及数量记录。⑨工程停电、停水和干扰事件影响的日期及恢复施工的日期记录。⑩工程预付款、进度款拨付的数额及日期记录。工程图纸、图纸变更、交底记录的送达份数及日期记录。工程有关施工部位的照片及录像等。工程现场气候记录，如有关天气的温度、风力、雨雪等。工程验收报告及各项技术鉴定报告等。工程材料采购、订货、运输、进场、验收、使用等方面的凭据。国家和省级或行业建设主管部门有关影响工程造价、工期的文件、规定等。

（二）现场签证

（1）承包人应发包人要求完成合同以外的零星工作或非承包人责任事件发生时，承包人应按合同约定及时向发包人提出现场签证。若合同中未对此做出具体约定，按照财政部、原建设部印发的《建设工程价款结算暂行办法》（财建［2004］369号）的规定，发包人要求承包人完成合同以外零星项目，承包人应在接受发包人要求的7天内就用工数量和单价、机械台班数量和单价、使用材料和金额等向发包人提出施工签证，发包人签证后施工，如发包人未签证，承包人施工后发生争议的，责任由承包人自负。

发包人应在收到承包人的签证报告48小时内给予确认或提出修改意见，否则，视为该签证报告已经认可。

（2）按照财政部、原建设部印发的《建设工程价款结算办法》（财建［2004］369号）第十五条的规定："发包人和承包人要加强施工现场的造价控制，及时对工程合同外的事项如实记录并履行书面手续。凡由发、承包双方授权的现场代表签字的现场签证以及发、承包双方协商确定的索赔等费用，应在工程竣工结算中如实办理，不得因发、承包双方现场代表的中途变更改变其有效性。"《建设工程工程量清单计价规范》（GB50500—2008）规定："发、承包双方确认的索赔与现场签证费用与工程进度款同期支付。"此举可避免发包方变相拖延工程款以及发包人以现场代表变更为由不承认某些索赔或签证的事件发生。

第九章　建筑工程项目造价管理

第一节　建筑工程造价管理现状

城市人口的迅速增长，使城市地区对大型建筑的需求也随之变大，各地的大型建筑工程项目数不胜数。随着建筑工程变得更庞大，影响建筑工程造价的因素也变得越来越多，工程造价的管理难度变得越来越大，如何管理好建筑工程的造价，对于承包工程的一方极为重要，关系到承包方的收益。如今，越来越多的人意识到了工程造价管理工作的重要性，使这项工作成为建筑工程建设的必要工作。本研究将浅要探讨当下建筑工程造价管理的现状及展望。

一、建筑工程造价管理现状

（一）建筑工程造价管理考虑问题不周全

现在虽然有越来越多的建筑商意识到了工程造价管理的重要性，并且开始着手制定这方面工作的相关制度，但是由于之前他们对这方面的工作长期不重视，导致其中大部分人在这方面缺乏经验。现在大多数建筑商制定的建筑工程造价管理制度并不完善，总是会出现最终结算时建筑成本与预期不一致的情况，这是由于制定制度时没有将问题考虑周全。完整的工程造价管理制度的制定应该将所有有关工程成本的各方面因素都考虑进来。最为首要的是预算好购买工程施工材料的成本、需要支付给施工人员的工资成本、使用施工机械产生的成本以及其他很多小方面的成本，其中容易出问题的部分是对其他小方面的成本预算。大型工程中消耗资金最集中的地方虽然主要是材料成本、人工成本和机械成本，但是其他很多小方面的成本综合起来也会消耗很大一部分资金，这些资金一般都是分散用掉的，每一个数额相对来说很小，所以不太能引起建筑商的注意，比如运输成本、工人生活成本等。很多时候建筑商在预算工程的造价时，不会精细地计算这些小方面的支出，而是凭感觉给出一个大概的估计值，导致误差一般都很大，在最终比较数据时就会发现有很大的出入。这个问题就是实施工程造价管理工作时考虑问题不够全面造成的。

（二）建筑工程造价管理没有随着市场的变化而灵活变化

由于现在很多的建筑工程越做越大，所以整个工程的施工周期也变得越来越长，从开工到竣工的时间一般都会达到一两年甚至更久。而在当今社会市场经济的背景下，很多时候同一种商品的价格会随着时间的变化而发生较大的变化，并不会一直保持不变。并且，人力成本也会随着市场的变化而变化。这些变化对于工程的造价具有非常大的影响，如果不把市场变化因素考虑进来，而是只以当时的市场情况制订工程造价管理方案，势必会出现问题。然而，很多建筑商中掌管制订工程造价管理方案的相关部门并没有很好的市场经济思想，在对建筑工程造价进行预算时，只以当时的市场情况为准，就片面地进行预算，不把市场变化的因素考虑进去，导致得出的数据存在十分大的偏差。对建筑工程造价的管理是为了对整个工程的成本能有一个较为清晰的了解，如果工程造价的预算误差太大，就达不到本来应该有的效果，使建筑商不明不白受损失。而保证数据的尽量准确，离不开对市场变化的考虑，建筑工程造价管理没有随市场的变化而灵活变化，是很多建筑商在进行造价管理时出现的问题。

（三）建筑工程造价管理中监管工作不到位

建筑工程的造价对于建筑商从一个建筑工程中获得的利润的高低有很大影响。因为如果建筑工程的造价增大，意味着建筑商需要投入更多资金，就会减少最终的获利。而如果能够缩减建筑工程的造价，就意味着建筑商需要投入的成本变少，相对而言，就能获得更高的利润。因此，有的建筑商为了获得更高的利润，会在建筑工程造价方面下手，通过减小工程造价来获得更加可观的利润。如果在保证工程质量的前提下，通过精细化的管理缩减工程的造价，是合情合理的。但是有的建筑商利欲熏心，会通过在材料上偷工减料、施工上压缩施工周期等不合理的方式来减少成本，不顾及偷工减料对建筑质量的影响，这就导致很多“垃圾工程”的出现。这种现象一方面是少数建筑商太贪婪导致的，但更重要的另一方面的原因，即建筑工程造价管理过程中缺乏有关部门的监督。

二、改善建筑工程造假管理现状的几点对策

（一）培养全方位综合考虑的意识

要想做到全面考虑建筑工程造价中的所有因素，就要有细心与耐心，这两种素质需要慢慢培养。一方面，相关部门可以通过借鉴国内外相关工作的经验提升这方面的素质。另一方面，要学会总结自己工作中的不足，在每次建筑工程结束后，都需要总结出现的

问题，并且找出问题出现的原因，这样在接下来的工作中就能有效避免类似问题的发生，使自己经验越来越丰富，工作也就做得越来越全面。培养全方位综合考虑的意识，需要不断总结相关经验，并且不断学习，不能太过急功近利。通过这种做法，能有效防止在建筑工程造价管理时出现不全面考虑的问题。

（二）培养市场经济的意识

对于建筑工程造价管理方案与市场变化不相符，造成建筑工程造价管理没有达到目的的问题，最好的解决办法就是让相关部门接受培训。可以让他们学习有关市场经济变化规律的知识，让他们明白市场的变化对于建筑工程造价的影响是不可忽略的。这样有助于相关部门形成市场意识，这样他们就会在制定工程造价管理制度的过程中时时刻刻考虑市场的变化，并且对方案进行灵活的调整。考虑市场因素的建筑工程造价管理方案能让工程造价的预算更加准确可信，与最终实际的工程造价偏差会更小，参考意义也更大。这样才能起到建筑工程造价管理工作应有的作用，不会导致工作白费。

（三）监督部门增强监管力度

监管部门的监管力度不够，是建筑工程造价管理工作的一大不足。现在频繁出现的建筑质量问题就是监管部门监管不到位导致的。要想改变这种现状，就必须督促监管部门的工作，让他们增强监管力度，坚决严格按照要求对建筑商进行监督，防止非法缩减建筑工程成本的情况出现，不能让建筑工程的造价管理完全由建筑商说了算。这样，就可以有效保证建筑工程造价管理的合理性，减少问题建筑的出现。

三、建筑工程造价管理的展望

随着电子信息技术的飞速发展，电子信息技术已经涉及到人们日常生活和生产的各个方面。现在，几乎所有工作都能够通过应用电子信息技术而变得更加简单。建筑工程造价的管理工作是一种数据处理量非常大的工作，且较为繁杂。而借助电子信息技术强大的数据处理功能，能很大程度上使建筑工程造价工作变得更加简单。所以，未来建筑工程造价的管理工作，将会由于电子信息技术的应用而变得不再那么繁杂。并且，通过电子模拟技术，可得出建筑工程的模型，这样可以让建筑工程造价的管理工作变得形象具体，数据也更加准确。

建筑工程造价管理工作是整个建筑工程工作中十分重要的部分，其意义十分巨大，因为通过这项工作，就可以在成本上判断一个建筑工程是否具有可行性。所以，在决定一个建筑工程是不是要建设前，首要的工作是对建筑工程的造价进行预算，这项工作是为了对建筑的成本有一个较为准确的把握。本研究对建筑工程的相关讨论以及做的相关展望，对于改善建筑工程造价管理工作具有一定的参考作用。

第二节 工程预算与建筑工程造价管理

为了能够在现阶段竞争激烈的市场中拥有竞争力，提高经济效益，就必须采取一定的经济措施，重视工程预算在建筑工程造价中的控制作用。就此，本节简要围绕工程预算在建筑工程造价管理中的重要作用及其相关控制措施展开论述，以供相关从业人员进行参考。

随着建筑行业的不断发展，建筑工程造价预算控制作为工程建设项目的重要环节之一，对提升建筑工程整体质量发挥着重要的作用，因此，要做好造价预算的编制工作，培养和提升相关预算人员的综合专业素质水平，确保有效控制建筑工程整体质量，最大限度降低建筑工程项目实际运作过程中的成本。

一、建筑工程造价管理过程中工程预算的重要作用分析

（一）确保工程建设资金项目要素的有效应用

现代建筑工程项目建设的预算，主要构成为财务预算要素、资产预算要素、业务预算要素及筹资预算要素。在现阶段我国建筑施工企业中，要科学合理配置相关要素，确保建筑企业现有资金的高效利用，确保企业内部所有资金项目要素应用到建筑工程项目中，最大限度减少资金要素的浪费，实现建筑工程综合性经济效益的获得。

（二）有效规范建筑工程项目的运作

做好工程预算管理控制工作，确保建筑施工企业开展高效组织活动，对工程建设项目的开发计划、招标投标、合同签订等工作的运作提供良好的技术保障。因此，工程预算管理工作的开展质量直接关系着建筑工程项目的建设实施过程，影响着企业综合效益。

为实现建筑工程预算的控制目标，建筑工程施工企业在实际工程项目运作过程中，必须优先做好工程项目整体预算管理方案的规划工作，确保工程项目运作全过程与工程预算管理方案的数据一致性，保证工程项目实现合理控制造价成本。因此说，做好工程预算控制工作，有助于建筑工程企业获得更好的综合效益，提升企业市场的综合竞争力。

（三）推进建筑企业的经营发展

建筑工程施工企业应严格遵照自身的实际情况，规划设定发展方向和目标，全面系统地认识和理解建筑工程项目设计、施工过程中遵循的指导标准，持续不断地学习先进

施工技术，在组织开展建筑工程项目造价管理过程中，实现基于工作指导理念的改良创新，确保建筑工程施工企业经营发展水平。

（四）确保工程造价的科学性与合理性

工程预算工作的开展对确保建筑工程造价的科学性和合理性具有重要作用，其存在主要是为建筑工程资金运作情况建立完善的档案，对投资人意向、银行贷款、后续合同订立具有积极的推动作用，从而确保工程造价的科学性与合理性。

（五）进一步提高工程成本控制的有效性

对建筑工程造价进行控制管理，以工程预算为基础，围绕图纸和组织设计情况分析施工成本，从而有效控制施工中各项费用。对施工单位而言，施工中关键在于将成本控制与施工效益进行结合，确保二者间不会发生冲突，在确保施工质量的基础上控制成本，实现施工企业经济利润的最大化。

（六）提高资金利用率

基于预算执行角度，把控施工阶段和竣工阶段的资金和资源利用。以施工阶段为例，造价控制的效果和效率关系着工程项目的整体造价，因此，要注重预算把控和造价控制。在具体实践中通过构建完善的造价控制体系，实现施工阶段的资源统筹，采取工程变更控制策略，严格控制造价的变化范围。同时采取合同管理方法，在合同签订和实施全过程，加大对造价的控制，确保工程预算执行到位，减少资金挪用及浪费。

二、工程预算对建筑工程造价控制具体措施分析

（一）提高建筑工程造价控制的针对性

建筑工程造价控制工作贯穿于工程建设的全过程。在建筑工程建设过程中，善于运用工程预算提升与保障造价控制工作。利用工程预算的执行，提升工作的指导性，立足于建筑工程造价控制细节，更好地为预算目标的实现提供针对性的保障，确保建筑工程管理、施工、经济等各项工作的效率性和指向性。

此外，工程预算要利用建筑工程造价的控制平台建立有效性编制体系，将建筑工程造价控制目标作为前提，设置和优化工程预算体系和机制，确保建筑工程造价控制工作的顺利进行。

（二）提升建筑工程造价控制的精确性

精准的工程预算是进行建筑工程造价控制的基础，是建筑工程造价控制工作顺利开展的前提。因此，强化建筑工程造价控制的质量和水平，是现阶段建筑工程造价控制工

作的有效路径。提高和优化工程预算计算方法的精准性和计算结果的精确性，避免工程预算编制和计算中出现疏漏；针对施工、市场和环境制定调价体系和调整系数，在确保工程预算完整性和可行性的同时，确保建筑工程造价控制工作的重要价值。

（三）健全工程造价控制体系

建筑企业利用工程预算工作对工程造价进行全过程控制，通过建筑预算管理，落实建筑工程造价控制细节，通过工程预算的执行，建立监控建筑工程造价控制工作执行体系，在体现工程预算工作独立性和可行性的同时，促使建筑工程造价控制工作构想的规范化和系统化。

（四）提高工程造价管理人员的专业素质

项目成本控制管理具有高度的专业性、知识性和适用性，也要求相关的项目成本管理人员具有高水平的专业素养，确保所有的项目成本管理人员熟练掌握自身的专业，在熟悉自身能力知识的基础上，对施工预算、公司规章制度等相关知识进行进一步学习，不断完善自己，保持工程造价控制的高效性，减少设计成本，提高施工阶段的质量，使工程造价具有科学性。

简而言之，建筑工程预算管理工作是企业财务管理工作的前提，提高预算工作的科学性，有利于推动建筑工程顺利完成。因此，要重视工程造价控制，应用先进的信息技术实现工程预算管理工作，推进建筑工程企业的稳定有序发展。

第三节　建筑工程造价管理与控制效果

本节介绍了建筑工程造价的主要影响要素，分析了当前建筑工程项目造价管理控制中存在的问题，并阐述了提升工程项目造价管理控制效果的关键性措施，从而为企业创造更多的经济效益。

进入 21 世纪以来，我国的社会主义市场经济持续繁荣，城市化进程明显加快。在城市化发展过程中，建筑工程数量明显增多。如何提升建筑工程质量，在市场竞争中占据有利地位，成为各个建筑企业关注的重点问题。工程造价管理控制是企业管理的重要组成部分，也是企业发展立足的根本。为了实现建筑企业的可持续发展，必须分析工程造价的影响因素，发挥工程造价管理控制的实效性。

一、建筑工程造价的主要影响要素

（一）决策过程

国家在开展社会建设的过程中，需要开展工程审批工作，对工程建设的可行性、必要性进行分析，并综合考虑社会、人文等各个因素。在对工程项目的投资成本进行预估时，必须分析相关国家政策，把握当下建筑市场的发展规律，尽可能使工程项目符合市场需求。在对项目工程进行审阅时，需要选择可信度较高的承包商，确保项目工程的质量，避免“豆腐渣工程”的出现。

（二）设计过程

建筑工程设计直接关系着建筑工程的质量，且建筑工程设计会对工程造价产生直接性的影响。在对工程造价费用进行分析时，需要考虑人力资源成本、机械设备成本、建筑材料成本等。部分设计人员专业能力较强，设计水平较高，建筑工程设计方案科学合理，节省了较多的人力资源和物力资源；部分设计人员专业能力较差，综合素质较低，建筑工程设计方案漏洞百出，会增多建筑工程的投入成本，加大造价控制管理的难度。

（三）施工过程

建筑施工对工程造价影响重大，施工过程中的造价管理控制最为关键。建筑施工是开展工程建设的直接过程，只有降低建筑施工的成本，提高施工管理的质量，才能将造价控制管理落到实处。具体而言，需要注意以下几个要素的影响：

（1）施工管理的影响。施工管理越高效，项目工程投入成本的使用效率越高。

（2）设备利用的影响。设备利用效率越高，项目工程花费的成本越少。

（3）材料的影响。材料物美价廉，项目工程造价管理控制可以发挥实效。

（四）结算过程

工程施工基本完毕后，仍然需要进行造价管理，对工程造价进行科学控制。工程结算同样是造价控制管理的重要组成部分，很多造价师忽视了结算过程，导致成本浪费问题出现，使企业出现了资金缺口。在这一过程中，造价师的个人专业能力、对工程建设阶段价款的计算精度，如建筑工程费、安装工程费等，都会影响工程造价管理的质量。

二、当前建筑工程项目造价管理控制存在的问题

（一）造价管理模式单一

在建筑工程造价管理的过程中，需要提高管理精度，不断调整造价管理模式。社会

主义市场经济处在实时变化之中，在开展工程造价管理时，需要分析社会主义市场经济的发展变化，紧跟市场经济的形势，并对管理模式进行创新。就目前来看，我国很多企业在开展造价管理时仍然采用静态管理模式，对静态建筑工程进行造价分析，导致造价管理控制效果较差。一些造价管理者将着眼点放在工程建设后期，忽视了设计过程和施工过程中的造价管理，也对造价管理质量产生了不利影响。

（二）管理人员素质较低

管理人员对项目工程的造价管理工作直接控制，其个人素质会对造价管理工作产生直接影响。在具体的工程造价管理时，管理人员面临较多问题，必须灵活使用管理方法，使自己的知识结构与时俱进。我国建筑工程造价管理人员的个人能力参差不齐，一些管理人员具备专业的造价管理能力，获得了相关证书，并拥有丰富的管理经验；一些管理人员不仅没有取得相关证书，而且缺乏实际管理经验。由于管理人员个人能力偏低，工程造价管理控制水平很难获得有效提升。

（三）建筑施工管理不足

对项目工程造价进行分析，可以发现建筑施工过程中的造价控制管理最为关键，因此管理人员需要将着眼点放在建筑施工中。一方面，管理人员需要对建筑图纸进行分析，要求施工人员按照建筑图纸开展各项工作。另一方面，管理人员需要发挥现代施工技术的应用价值，优化施工组织。很多管理人员没有对建筑施工过程进行预算控制，形成系统的项目管理方案，导致人力资源、物力资源分配不足，成本浪费问题严重。

（四）材料市场发展变化

我国市场经济处在不断变化之中，建筑材料的价格也呈现出较大的变化性。建筑材料价格变化与市场经济变化同步，造价管理控制人员需要避免材料价格上升对工程造价产生波动性影响。部分管理人员没有将取消的造价项目及时上报，使工程造价迅速提升。建筑材料价格在工程造价中占据重要地位，因此要对建筑材料进行科学预算。部分企业仅仅按照材料质量档次等进行简单分类，当材料更换场地后，价格发生变化，会使工程造价产生变化。

三、提升工程项目造价管理控制效果的关键性举措

（一）决策过程

在决策过程中，即应开展造价控制管理工作，获取与工程项目造价相关的各类信息，并对关键数据进行采集，保证数据的精确性和科学性。企业需要对建筑市场进行分析，

了解工程造价的影响因素，如设备因素、物料因素等，同时制订相应的造价管理控制方案，并结合建筑工程的施工方案、施工技术，对造价管理控制方案进行优化调整。企业需要对财务工作进行有效评价，对造价控制管理的经济评价报告进行考察，发挥其重要功能。

（二）设计过程

在设计阶段，应该对项目工程方案设计流程进行动态监测，分析项目工程实施的重要意义，并对工程造价进行具体管控。企业应该对设计方案的可行性进行分析，对设计方案的经济性进行评价。如果存在失误之处，需要对方案进行检修改进。同时，要对项目工程的投资额进行计算，实现经济控制目标。

（三）施工过程

施工过程是开展项目工程造价管理控制的重中之重，因此要制订科学的造价控制管理方案，确定造价控制管理的具体办法。企业需要对工程设计方案进行分析，确保建筑施工实际与设计方案相符合。在施工过程中，企业要对人力资源、物力资源的使用进行预算，并追踪人力资源和物力资源的流向。同时，企业应该不断优化施工技术，尽可能提高施工效率，实现各方利益的最大化。

（四）结算过程

在工程项目结算阶段，企业应该按照招标文件精神开展审计工作，对建设工程预算外的费用进行严格控制，对违约费用进行核减。一方面，企业需要对相关的竣工结算资料进行检查，如招标文件、投标文件、施工合同、竣工图纸等。另一方面，企业要查看建设工程是否验收合格、是否满足了工期要求等，并对工程量进行审核。

我国的经济社会不断发展，建筑项目工程不断增多。为了创造更多的经济效益、提升核心竞争力，企业必须优化工程造价管理和控制。

第四节　节能建筑与工程造价的管理

当前社会经济快速发展的同时，也给生态环境带来了严重的影响，在这种情况下国家强调要节能减排。建筑行业在快速的发展中具有高能耗的特点，所以，建筑行业进行变革是一种必然趋势。节能建筑的出现和发展受到了社会各界的关注，其对于居民居住环境的优化具有积极影响，所以，这就要加强对节能技术进行推广。但是节能建筑的造价通常也比较高，所以，要促进节能建筑的推广，提升项目效益，就需要加强造价管控，减少建设的成本，本节就分析了节能建筑与工程造价的管理控制。

建筑具有高能耗的特点，当前国内城市建筑在设计中有超过 90% 的建筑未进行节能设计，很多建筑依然还是高能耗。就住宅来说，建筑中空调供暖能耗就占据国内用电总能耗的 25% ~ 30%，南方夏季和冬季是使用空调的高峰期，在南方的用电量高达全年的 50%。环境污染让大气层受到了严重的破坏，近些年来国内各地夏季高温季节时间长，在空调的用电量上也是在不断地增加，南方冬季一些恶劣天气频繁出现，长期如此，高能耗建筑会让国内能源受到很大的挑战。按照统计，国内每年的节能建筑要是能够增长 1%，就可以节约数以万计的用电量，可以有效地节省能源，所以，为了更好地推广节能建筑，就需要思考怎样有效地控制造价。

一、节能建筑与工程造价之间的关系

（一）节能建筑对行业的主要影响

当前能源紧缺问题越来越严重，所以，怎样建立节能建筑，优化城市生态环境，就是建筑工程发展的一个重要方向。建筑行业需要将科学发展观以及建立节约型社会发展的理念进行融合，加强对节能建筑的开发，促进建筑物功能的发展。要提高建筑的使用效率以及质量，就需要采取多样化有效的措施科学地控制建筑材料，制订科学的施工方案，在节能环保的前提下，减少工程建设的成本。

（二）工程造价对节能建筑的有效作用

节能建筑在施工中，工程造价就已经进行了严格的控制，要是施工方不能全面正确地认识节能，选择材料存在不合理的情况，那么就会影响到建筑的节能性，并不能称作真正意义上的节能建筑，这样的建筑后期在各项资源方面的浪费问题也会很严重。工程造价在控制成本的基础上，还需要重视节能减排的理念，让建筑成本以及节能环保能够实现平衡。

（三）节能建筑和工程造价管理思想的变化

要想让节能建筑理念得到更好地推广和应用，造价工程师就需要对以往的造价管理思想进行改变，让工程造价不再限制在对建筑物成本进行控制，还需要全面的研究工程投入使用之后的成本，这样才可以让建筑物真正地做到节能，让建筑工程造价管理可以充分发挥出应有的作用，全面地监督管理建筑工程。

二、节能建筑与工程造价的管理控制

（一）以建筑造价管理为切入点分析建筑物节能

要促进建筑企业现代化发展，就需要注重建筑资源的选择，包含建筑使用时需要供应的各项资源。现代式建筑要求热供应、水资源以及点供应所使用的管道线路等要在墙体内部进行布置，且要让建筑物可以正常地使用，还要考虑每个地区的人们在住房方面的不同要求，在北方就需要注重建筑物内部热能供应，而要是在南方，就需要注重热水器设计，节能建筑方面的一个关键内容就是怎样科学有效地设计建筑。

第一，对于节能问题需要综合进行分析，包括建筑技术的应用、材料应用、先进工艺和建筑设备等。在设计造价方案的过程中，工作人员需要先全面地调查研究市场情况，了解行业内执行发展动向，要能够熟练地使用高新技术和设备，进而对建筑造价方案进行合理的制订。需要以经济核算为中心设计造价方案，不仅需要实现建筑的节能，还需要兼顾企业的经济效益。所以，要想节约建筑中要用到的各种能源，就需要深度的思考各方面，如建材选择、周围环境等等，虽然运用新材料可以节能，但是也需要结合实际情况，不然只会增加施工的难度，让建筑技术成本增加，需要增加资金投入，影响到项目的效益。所以，这就对有关工作人员提出了较高的要求，需要确保能够及时、可靠的提供信息，为建筑节能工作的开展提供依据。除此之外，还需要构建完善的建筑造价工作管理体系，给造价管控工作的开展提供依据和规范。

（二）材料选择需要注重造价控制

在节能建筑发展中可以看到很多的亮点，比如，建筑材料的应用，在选择材料设计方面使用了稳定室内温度同时也可以对气候进行调节的材质，这在过去是很难看到的，由于其成本较高，以及太阳能热水器的普及、多管道应用、排水技术合理化等，这些都让我们可以看到节能建筑理念的体现，在业内展会中也可以看到绿色科技的发展，比如，绿色墙面，就是由生态植物构建成的，这也被很多的建筑设计采用，可以给人们的生活带去更多的舒适感受。再比如，铝合金模板，在组装上比较方面，无须机械协助，系统设计简单，施工人员的操作效率高，这有利于节省人工成本。铝膜版还具有应用范围广、稳定性好、承载力高、回收价值高、低碳减排等优点，可以减少造价。

（三）构建主动控制、动态管理的造价管理体系

在节能建筑的造价管控方面，需要将这一工作渗透到建筑建设的各个环节。施工单位在施工前需要先做好预算，要主动评估各个环节的建筑成本以及使用成本，以此为基

础，合理地对工程整体的造价进行管理控制。施工单位在施工中，除了要全面地监督管理工程造价之外，还需要加强自己对于节能环保的认知，选择节能环保的新材料，引入先进的国际管理理念，让企业管理实现更好地发展，构建主动控制、动态管理的造价管理体系，进而让节能建筑造价管理体系可以充分发挥出作用。

（四）加强节能建筑的设计，控制成本

节能建筑的设计十分重要，需要对设计进行优化，进而为建筑后面的节能和造价管控奠定良好的基础。比如，在设计建筑内部热工选材方面，就需要注重减少热量的大幅度流失，避免出现供热能源不必要的损耗，为了实现这一目标，在设计方面就需要进行优化。例如，选择屋顶的材料时，需要确保热量不会从屋顶有太多的流失；在选择墙壁材料时，要基于科学的门窗设计确保室内通风换气良好的基础上，选择合理的隔热材料，在墙壁的内外选择合理的保暖或隔热材料；选择门窗的材料时，和传统的单层玻璃相比，双层真空玻璃的热量储备效果要更好。再比如，在设计内部采暖时，要确保建筑物适宜居住，就需要在设计的过程中注重考虑建筑物的朝向和地点，还有自然地理环境对建筑物采暖的影响等，进而合理的设计，让建筑物内可以有效地导热和散热，对室内热量储备进行自主调节，减少对空调等的使用，节省能耗，也可以减少成本。

（五）加强施工阶段的造价管控

施工阶段是工程建设中非常重要的一个环节，也是成本最高的一个环节，所以，这就更加需要注重对造价进行管理控制。在施工环节，就是在施工中实际检验企业的造价方案，要是有问题，就需要第一时间解决，并且要进行反思，吸取经验教训，对自己的体制进行健全。企业需要主动响应国家的号召，依据国家基本政策要求，推行节能环保理念，引进新的工艺，节省能源，保护好环境。在施工中设计人员需要强化自身专业节能的探究，不断提升自己的素质，加强节能环保的意识，且要坚持学习先进的管理理念，结合实际环境情况制订相应的施工方案。

综上所述，节能建筑是当前建筑行业发展的一个重要趋势，其符合经济效益以及可持续发展的要求，能够对居住环境进行优化，促进人们生活质量的提升，有效地利用资源。所以，为了促进节能建筑的发展，让建筑物实现真正意义上的节能，就需要在落实环保节能理念的同时，注重对造价进行管理控制，采取有效的措施，提升造价管控效果。

第五节　建筑工程造价管理系统的设计

一项建筑工程项目的管理工作具有十分重要的地位，而工程造价全过程动态控制工作是管理工作的重要内容，其可以影响整个建筑工程质量的高低以及进度的快慢。工程造价全过程动态控制工作又称工程造价全程管理，其对于一个工程的整个过程都有着的影响，建筑工程的最初筹建、后期的结束以及建筑工程的质量检测，这一过程都离不开全过程工程造价管理工作，因为科学地落实造价全过程，可以确保整个建筑工程的最终效益。

随着我国经济水平的快速提升，我国的各个行业都在不断发展、发现新的管理体制，21 世纪是网络化的时代，因而网络信息化管理体制成为我国众多领域的首选管理方法。该管理体制通过对大量数据的记录与分析，达到有效的管理目的。而在建筑工程造价过程中，应用云计算系统对整个过程进行管理，已经成为建筑领域的主流。主要通过建立建筑工程造价系统，保证该系统能够全面适应造价管理机制，从而有利于造价监督管理的高效化和智能化，以此促进建筑行业的健康发展。本系统将计算机的特性高效利用，建立与建筑造价活动相关的资料信息系统，为建筑工程提供准确的工程造价服务。受我国经济的高速发展以及经济全球化的发展等因素的影响，大部分建筑企业开始加大对建筑工程造价全过程动态控制的重视程度，建筑工程在开展工作时相较于以前管理水平明显得到了提升，促进了建筑企业的进一步的发展。

一、管理信息系统概述

随着我国信息技术的不断发展，建筑工程的管理信息系统的定义也随之不断更新。目前，将管理信息系统分为两部分，分别是人和计算机（或智能终端）。管理信息又分为六个部分，分别是信息收集、信息传播、信息处理、信息储存、信息维持、信息应用。管理信息系统属于交叉学科，具有综合性的特点，该学科包括计算机语言、数据库、管理学等。各种管理体制都离不开一项重要的资源，那就是信息。高质量的决策是决定管理工作优劣的重要调件，而决策是否正确取决于信息的质量，信息质量越高决策的准确率越高，因此，确保信息处理的有效性是关键的一步。

二、系统目标分析

每一个管理系统都有一个特定的功能目标，其目标具体指管理系统能够处理的业务以及完成后的业务质量。建筑工程造价系统可以通过图片、录像、文件、数据等方式来观察工程的进展情况，主要反映工程的质量、安全性以及工程成本。同时可以随时观察建筑工程完成程度、工程款的支出与收入情况、外来投资的使用情况等。建立有效完整的统计分析功能，以此方便建筑公司对基层建筑项目全方位的分析，进而通过比较分析工程的需要。另外，通过工程造价管理平台计划，能够体现出计划与实际的差距，有利于后面工程的执行。配合构建合理的报表体系，该报表要确保符合国家相关部门的要求，同时符合建筑公司对业务管理的需求。建筑公司的各个部门均要严格按照要求制定报表，这样可以有效地减轻报表统计的工作量。

三、系统构架、功能结构设计

建筑工程造价管理系统的核心是数据库，任何一个工程处理逻辑均需数据库做辅助，因此该管理系统中数据库有着不可替代的地位。其中，多个数据进行操作过程可以对应一个处理逻辑。为了稳定系统的性能，需要将系统的各项业务进行合理的分离处理，每一个业务活动都有与之相对应的模块，众多业务模块中，任何一个发生变化都会影响其他业务，系统设计时要将系统的扩展性考虑在内，这样能够减轻软件维护的工作量。系统的功能结构主要包括三个部分，分别是工程信息模块、工程模板模块、招标报价模块。首先，工程信息模块内容主要有项目信息、项目分项信息等。而资料中未提到的项目，应该根据实际情况做出相应的补充。工程模板模块的主要功能是根据不同建筑工程的信息选择最适宜的造价估算模板。模板必须通过审核才允许被应用。最后，招标报价模块内容有器材费、材料费、项目费用等。其主要功能有定期查询工程已使用材料的价格单、维护价格库、制定新建工程项目的报价单等。

综上所述，可以看出一项建筑工程的成功完成，永远离不开工程造价全过程动态控制分析管理工作的有效进行，其在保证最大经济效益的同时还能确保施工进度的完成速度。从建筑工程施工的最初计划指导到施工全过程的合理安排，都应严格根据已经落实制度进行施工，保证其科学性、安全性以及有效性，提高工作的效率，通过一系列的手段来达到高质量建筑工程的目的。

建筑工程施工活动需要有科学的管理体系作为支撑，在应用新型管理平台时，必须要兼顾多个管理项目，包括人员、资金以及其他物质资源等。管理者应当通过造价管理系统来全面地落实造价管理工作，不同工程的资金消耗情况不同，具体设定的工程造价也存在差异性，本节结合现代造价管理需求，探讨设计造价管理系统的方法。

计算机技术在工程管理环节发挥的作用越来越重要，在很多管理环节中，造价管理系统都可以发挥作用，科学的管理平台可以满足一些基础性的工程管理需求。针对当前的工程造价管理活动中存在的问题，可以利用更多科学技术手段与数据资源来建设符合造价管理需求的综合化管控平台，管理者也要有意识地使用新的信息工具来辅助造价管控工作。本节提出设计新型造价管理系统的方法，并分析系统在工程结算等环节的使用效果。

基于系统的需求的分析，建筑工程造价管理系统中，项目部、财务部、采购部、设计部、施工部等都是通过浏览器方式进行操作的，即系统采用 B/S 模式。这些在行政上既是相互独立的又是逻辑上的统一整体，都是为工程建设服务。用户管理子系统主要是用来管理参与建筑工程项目的所有人员信息，包括添加用户、修改用户信息、为不同的用户设置权限，当用户离开该工程项目后，删除用户。造价管理子系统主要是对工程建设中的资金进行管理，包括进度款审批、施工进度统计、工程资金计划管理、材料计划审批、预结算审核、造价分析等。工程信息管理子系统主要是对工程信息进行管理，包括工程项目的添加、修改、删除、项目划分，工程量统计等。

材料设备管理子系统主要是对工程所需要的材料和设备进行管理，包括采购计划的编写、招标管理、采购合同管理、材料的入库登记和出库登记。实体 ER 图是一种概念模型，是现实世界到机器世界的一个中间层，用于对信息世界的建模，是数据库设计者进行数据库设计的有力工具，也是数据库开发人员和用户之间进行交流的语言，因此概念模型一方面应该具有较强的表达能力，能够方便直接的表达并运用各种语义知识，另一方面它还应简单清晰并易于用户理解依据业务流程和功能模块进行分析。系统存在的主要实体有用户实体、工程信息实体、分项工程实体、设备材料实体、定额实体、工程造价实体、工程合同实体等。

随着计算机技术及网络技术的迅猛发展，信息管理越来越方便、成熟，建筑工程信息管理也逐渐使用计算机代替纸质材料，并得到了推广和发展。本建筑工程造价管理系统采用当前流行的 B/S 模式进行开发，并结合了 Internet/Intranet 技术。系统的软件开发平台是成熟可行的。硬件方面，计算机处理速度越来越快，内存越来越高，可靠性越来越好，硬件平台也完全能满足此系统的要求。

建筑工程造价管理系统广泛应用于建筑工程造价管理当中，可以有效地控制造价成本，降低投资，为施工企业带来极大的效益。在控制施工进度和质量的前提下，确保工程造价得到合理有效的控制。从而实现施工企业的经济效益。本系统研发经费成本较低，只需少量的经费就可以完成并实现，并且本系统实施后可以降低工程造价的人工成本，保证数据的正确性和及时更新，数据资源共享，提高工作效率，有助于工程造价实现网络化、信息化管理。建筑工程造价管理系统主要是对各种数据和价格进行管理，避免大量烦琐容易出错的数据处理工作，这样方便统计和计算，系统中更多的是增删查改的操作，对使用者的技术要求比较低，只需要掌握文本的输入、数据的编辑即可，因此操作起来也是可行的。

四、工程造价管理系统分析

（一）建筑工程招投标环节

在进入建筑工程的招投标阶段后，需要进行招标报价活动，利用造价管理系统来完成这一环节的造价管控任务，招标人需要在设定招标文件之后，严格检查招标文件，注意各个条款存在的细节问题，确认造价信息后需开启造价控制工作，为后续的造价控制工作提供依据，将工程相关的预算定额信息、各个阶段的工程量清单与施工图纸等核心信息都输入到造价管理平台中。

工程量清单的内容必须保持清晰明确，同时每一个工程活动的负责人都必须认真完成报价与计价的工作，具体的投标报价需要符合工程的实际建设状况，考虑到工程资金的正常使用需求的同时，还必须对市场环境下的工程价格进行考量，参考市场价格信息，工作人员还必须编制其他与工程造价相关的文件。

（二）建筑施工环节

施工环节是控制工程造价的重点环节，在前一个造价控制环节，一些造价设定问题被解决，施工单位能够获取更加科学的造价控制工作方案，按照方案中具体的要求来展开控制工程成本的工作即可，但是实际施工环节仍会产生一系列的造价控制问题，主要是受到了具体施工活动的影响，当施工环境的情况与工程方案设计产生冲突之后，工程的成本消耗会出现变动，工程造价也随之出现变化，因此这一建设阶段的造价控制工作必须要被充分重视。使用造价管理系统来核对实际的工程建设情况，是否符合预设的造价数值，一旦需要增加或者减少工程量，需要先向上级部门申请，确定通过审核之后，才可真正地对工程量进行调整，并且需要清晰记录造价变动情况，确定签证量信息，在后期验收环节，还必须注意对项目名称进行反映，形成完整的综合单价信息之后，将其向造价管理平台中输送，出现信息不精准的情况之后，要联系相应的施工负责人，确定造价失控情况形成的原因，避免出现结算纠纷的问题。新型造价控制方法的优势体现在其具有的动态化特点，当实际的工程情况出现变化之后，可以在平台中随时修改数据。

（三）竣工结算环节

造价管理平台在最终的项目结算环节也可以辅助造价控制工作，管理者可以直接在平台上对工程量数据进行对比，确定签订合同、招投标以及施工工程中的造价信息是否可以保持一致，验证造价管理工作的开展效果，将造价管理的水平提升到更高的层次上。

新型造价管理平台支持更多与造价相关的操作，一些既有的造价控制问题也被解决，工作人员可以使用新型信息化工具来调用造价数据库，增强控制工程造价的力度，综合造价管理水平被提升，多个环节难以消除的造价管理问题被化解，工程资金损耗也被减少。

造价管理是当前大型建筑工程中的重点管理任务之一，建筑工程需要创造的效益有很多种，建设方的工程建设理念发生改变之后，工程建设工作的整体难度也被提升，因此一些新型技术手段必须在工程管理环节发挥作用。本节重点针对造价管理这部分需求，设计了可使用的管理平台，工程人员必须要参考正常造价以及成本管理任务来完善平台内部系统，以此保障依托于信息化科技的造价管理平台可被正常使用。

参考文献

[1] 赵志勇 . 浅谈建筑电气工程施工中的漏电保护技术 [J]. 科技视界，2017(26)：74-75.

[2] 麻志铭 . 建筑电气工程施工中的漏电保护技术分析 [J]. 工程技术研究，2016(05)：39+59.

[3] 范姗姗 . 建筑电气工程施工管理及质量控制 [J]. 住宅与房地产，2016(15)：179.

[4] 王新宇 . 建筑电气工程施工中的漏电保护技术应用研究 [J]. 科技风，2017(17)：108.

[5] 李小军 . 关于建筑电气工程施工中的漏电保护技术探讨 [J]. 城市建筑，2016(14)：144.

[6] 李宏明 . 智能化技术在建筑电气工程中的应用研究 [J]. 绿色环保建材，2017(01)：132.

[7] 谢国明，杨其 . 浅析建筑电气工程智能化技术的应用现状及优化措施 [J]. 智能城市，2017(02)：96.

[8] 孙华建 . 论述建筑电气工程中智能化技术研究 [J]. 建筑知识，2017，(12).

[9] 王坤 . 建筑电气工程中智能化技术的运用研究 [J]. 机电信息，2017，(03).

[10] 沈万龙，王海成 . 建筑电气消防设计若干问题探讨 [J]. 科技资讯，2006(17).

[11] 林伟 . 建筑电气消防设计应该注意的问题探讨 [J]. 科技信息 (学术研究)，2008(09).

[12] 张晨光，吴春扬 . 建筑电气火灾原因分析及防范措施探讨 [J]. 科技创新导报，2009(36).

[13] 薛国峰 . 建筑中电气线路的火灾及其防范 [J]. 中国新技术新产品，2009(24).

[14] 陈永赞 . 浅谈商场电气防火 [J]. 云南消防，2003(11).

[15] 周韵 . 生产调度中心的建筑节能与智能化设计分析：以南方某通信生产调度中心大楼为例 [J]. 通讯世界，2019，26(8)：54-55.

[16] 杨吴寒，葛运，刘楚婕，张启菊 . 夏热冬冷地区智能化建筑外遮阳技术探究：

以南京市为例 [J]. 绿色科技，2019，22(12)：213-215.

[17] 郑玉婷 . 装配式建筑可持续发展评价研究 [D]. 西安：西安建筑科技大学，2018.

[18] 王存震 . 建筑智能化系统集成研究设计与实现 [J]. 河南建材，2016(1)：109-110.

[19] 焦树志 . 建筑智能化系统集成研究设计与实现 [J]. 工业设计，2016(2)：63-64.

[20] 陈明，应丹红 . 智能建筑系统集成的设计与实现 [J]. 智能建筑与城市信息，2014(7)：70-72.